国家示范性高等职业院校课程改革教材

Zhineng Jiaotong GPS Jishu

智能交通 GPS 技术

陈　媛　刘虹秀　主编
李　韧　主审

人民交通出版社

内 容 提 要

本书为“国家示范性高等职业院校课程改革教材”。本书以全球定位系统(GPS)为基础，结合高职院校交通安全与智能控制专业的职业技能要求，通过项目式教学的思维模式编写而成。全书共6个学习项目，分别为：认识全球定位系统，GPS导航定位系统，GPS公共车辆跟踪调度系统，电子地图导航系统，GPS车辆动态监控系统，GPRS无线通信的车载驾驶人疲劳监测终端。

本书可作为高职院校交通安全与智能控制专业及其相近专业的教材，亦可供高速公路车辆监控管理人员及相关技术人员参考使用。

图书在版编目(CIP)数据

智能交通GPS技术/陈媛，刘虹秀主编. —北京：人民交通出版社，2010.6

ISBN 978-7-114-08456-0

I.①智… II.①陈…②刘… III.①全球定位系统(GPS)—高等学校：技术学校—教材 IV.①P228.4

中国版本图书馆CIP数据核字(2010)第097003号

国家示范性高等职业院校课程改革教材

书　　名：智能交通GPS技术
著 作 者：陈　媛　刘虹秀
责任编辑：黎小东
出版发行：人民交通出版社
地　　址：(100011)北京市朝阳区安定门外外馆斜街3号
网　　址：http://www.ccpress.com.cn
销售电话：(010)59757973
总 经 销：人民交通出版社发行部
经　　销：各地新华书店
印　　刷：北京虎彩文化传播有限公司
开　　本：787×1092　1/16
印　　张：5.25
字　　数：121千
版　　次：2011年7月　第1版
印　　次：2021年12月　第6次印刷
书　　号：ISBN 978-7-114-08456-0
定　　价：15.00元

国家示范性高等职业院校课程改革教材
编审委员会

序　　言

我院在长期的办学实践中，不断深化职业教育教学改革，先后与80多家大中型企业开展合作办学，探索出了“订单”培养、“秋去春回、工学交替”等人才培养模式，毕业生深受用人单位的欢迎，实现了学校、企业、学生等“多赢”。在校企合作中，我们深刻体会到，要真正实现“技能训练与岗位要求对接、培养目标与用人标准对接”，就必须有一套适合“订单”教学的工学结合的教材，于是就有了与企业技术骨干一起编写教材之愿望，随后几年，各种讲义便呼之欲出。

教育部《关于全面提高高等职业教育教学质量的若干意见》中指出：“高等职业院校要积极与行业企业合作开发课程，根据技术领域和职业岗位(群)的任职要求，参照相关的职业资格标准，改革课程体系和教学内容。”“与行业企业共同开发紧密结合生产实际的实训教材，并确保优质教材进课堂。”2007年，我院被正式列为第二批国家示范性高等职业院校建设单位，开发“工学结合特色教材”作为国家示范重要建设项目，被郑重的写入了建设任务书。

三年来，各教材主要撰写人带领教学团队成员，深入“订单”企业调研，广泛听取企业、学生、职教专家等多方人士意见，并结合国外先进的职教经验，遵循基于工作过程导向的课程开发理念，夙兴夜寐，多易其稿，进一步丰富了原讲义的内容，并付诸教学实践。正是有了各专业教学团队的辛勤耕耘，这套工学结合的系列教材才得以顺利付梓。在这里，我要道三声感谢：感谢国家示范建设项目的实施给我们提供了千载难逢的参与机会，感谢各位领导、省内外职教专家的悉心指导，感谢各位老师、主要撰稿人为之付出的劳动。

诚然，由于我们课程开发的理论功底不深，深入实践的时间有限，教材中错误也在所难免。正如著名职教专家姜大源在国家示范性高等职业院校建设课程开发案例汇编《工作过程导向的高职课程开发探索与实践》序言中所说：“这只是一部习作。习者，蹒跚学步也”。它“虽显稚嫩，却是新起点”。诚恳希望各位同行、专家批评指正。

工学结合是职业教育永恒的主题。即将颁布和实施的《国家中长期教育改革和发展规划纲要(2010～2020)》对大力发展职业教育做出了许多重大举措，特别提出了制定校企合作法规，调动企业参与职业教育的积极性。可以说，职业教育将迎来又一个新的春天。欣逢盛世，责任重大。我们将一如既往地加强与企业的合作，积极探索多种形式的职业教育模式，开发适应企业和市场需求的专业教材，努力培养更多的高技能人才，为实现我国从人力资源大国到人力资源强国的转变作出应有的贡献。

路漫漫其修远兮，吾将上下而求索。

是为序。

王章华

2010 年 3 月于岳麓山下

（王章华为湖南交通职业技术学院院长、教授，中南大学硕士生导师）

前　言

随着我国信息化进程的不断加快，智能交通系统在现代化交通工程中将发挥越来越重要的作用。智能交通系统是从系统的角度出发，充分考虑人、车、路和环境的综合作用，将现代通信技术、控制技术等运用于交通管理的一项系统工程。在国家信息化发展战略和产业化方向的目标下，GPS 技术在智能交通系统中得到了广泛的应用与发展。我国智能交通系统体系框架下的 43 种用户服务中，就有 20 几种需要知道车辆的实时位置，从而实现动态监控、车辆调度、导航等功能。

为了体现新时代职业教育以培养学生职业技能为核心的教育理念，培养高职院校交通安全与智能控制专业学生追踪行业新动态，掌握行业新技术的能力，本书在认识 GPS 全球定位系统的基础上，设计了 GPS 应用于智能交通中的几个典型学习项目——GPS 导航定位系统，GPS 公共车辆跟踪调度系统，电子地图导航系统，GPS 车辆动态监控系统，GPRS 无线通信的车载驾驶人疲劳监测终端等，使学生在项目化教学和训练中，逐步具备利用理论知识解决实际问题、提出问题并进行具体方案设计的实际应用能力，真正成为行业内的应用型人才。

本书由湖南交通职业技术学院陈媛、刘虹秀、谭任绩、曾瑶辉、田杰、赵竹、陈瑜共同编写。全书由陈媛、刘虹秀任主编，负责全书的统稿工作，其中第一章、第四章、第五章、第六章由陈媛编写，第二章、第三章由刘虹秀编写；谭任绩、曾瑶辉、田杰、赵竹、陈瑜参与了本书部分章节的编写。

本书由湖南省高速公路管理局李韧工程师主审，他对本书提出了许多宝贵的意见；谭任绩教授、曾瑶辉教授对本书的编写工作给予了大力的支持，在此对他们深表谢意。

由于编者水平有限，加上 GPS 技术的不断发展以及教学内容不断的更新，书中错误和不妥之处在所难免，恳请读者予以指正或提出修改意见。

编　者

2010 年 5 月

目　录

项目一　认识全球定位系统

出于生产和生活的需要,很久以前人们就曾试图通过某种方式来描述地形、地物乃至整个地球的位置和形状。无数科学家和研究人员为此付出了毕生的精力。但受制于生产力水平的发展,在人类历史上大多数时间里,这种描述通常难以达到相当的精度且存在诸多限制和不足。20 世纪 50 年代以来,人造卫星技术特别是全球定位系统(GPS)的建立和发展,为解决这类问题开辟了广阔的前景。本项目主要介绍全球定位系统的由来、特点、基本结构以及美国政府的有关政策等内容。

学习情境一　GPS 的由来、特点及作用

一、GPS 的由来

1957 年 10 月 4 日,前苏联发射了有史以来第一颗人造地球卫星——斯普特尼克(Sputnik-1)。这是航天航空技术发展的一个里程碑,是人类想像力和创造力的体现。随后,空间信息科学及其分支领域迅速发展并逐步影响到人们日常的生产生活。可以毫不夸张地说,人造卫星技术的发展大大改善了人类认识和适应自然的能力,使科学技术水平跨入了一个崭新的时代。人造地球卫星技术经过近半个世纪的发展,已经被成功应用于通信、气象、导航、资源勘探、环境保护、城市规划、工业建设、灾害预报、天文学、地球动力学、地球物理等许多学科领域。其广泛应用推动了科学技术水平和人们生产生活水平的提高,甚至影响到国际政治、经济和军事格局。

1958 年 12 月,美国海军武器实验室(NWL——Naval Weapon Laboratory)委托美国约翰霍普金斯大学应用物理实验室(The Johns Hopkins University Applied Physics Laboratory)研制为军用船舶提供导航服务的卫星系统,即海军导航卫星系统(NNSS——Navy Navigation Satellite System)。由于该系统中卫星轨道都经过地极,故也称子午卫星系统(Transit)。研究此系统的目的主要是为军用的运载工具(如战斗机、军舰、导弹等)和各作战单位提供全天候的导航服务。

1964 年 NNSS 建成并投入使用。1967 年 7 月美国政府宣布解密子午卫星的部分导航电文,从而使高精度卫星导航技术得以应用于民用。由于子午卫星导航技术主要是利用多普勒频移(Doppler Shift)原理实现,所以又叫卫星多普勒定位技术。我国于 20 世纪 70 年代中期开始引进卫星多普勒接收机;20 世纪 80 年代曾进行多次大规模联测,利用此技术在西沙群岛、西北地区甚至南极乔治岛等地区施测,取得了良好的定位效果。虽然海军导航卫星系统在空间信息技术史上“具有革命性突破”,但由于卫星数量少(5 ~ 6 颗)、轨道高度较低(约 1 000km)、卫星间隔时间较长(平均约 1.5h)、难以提供高程数据等原因(表 1-1),无法连续进行三维坐标定位,而且精度也较低(单点定位精度约 3 ~ 5m,相对精度约 1m,长时间联测精度约 0.5m)。显然,无论是军事领域还是民用领域,该技术的应用都有相当的局限性。该系统于

1996 年停止工作。

1973 年美国国防部(Department of Defense)协同有关军方机构共同研究开发了新一代的卫星导航系统。这就是授时与测距导航系统/全球定位系统(NAVSTAR/GPS——Navigation System Timing and Ran-ging/Global Positioning System),简称全球定位系统(GPS)。

NNSS 卫星与 GPS 卫星的系统特征比较 表 1-1

系 统 特 征	NNSS	GPS
载波频率(GHz)	0.15 和 0.40	1.23 和 1.58
卫星平均高度(km)	约 1 000	约 20 200
卫星数量(颗)	5 ~ 6	24
卫星运行周期(min)	107	718
卫星钟精确度(ns)	10^{-11}	10^{-12}

1994 年 GPS 基本建成,成为全球共享的空间信息资源,是空间信息系统的一个重要组成部分。从 1973 年至今,美国政府还在不断地研究和更新 GPS 的软硬件设备,累计耗资超过 200 亿美元。

二、GPS 的基本特点和作用

与其他的导航和定位技术相比,GPS 定位技术主要有以下特点:

(1)全球范围内连续覆盖。由于 GPS 卫星的数目较多,其空间分布和运行周期经过精心设计,可使地球上(包括水面和空中)任何地点在任何时候都能观测到至少 4 颗卫星(这是 GPS 定位系统获得解的必要条件),从而可以保证全球范围的全天候连续三维定位。

(2)实现实时定位。GPS 定位系统可以实时确定运动载体的三维坐标和速度矢量,从而可以实时地监视和修正载体的运动方向,避开各种不利环境,选择最佳航线。这是许多导航定位技术难以企及的。

(3)定位精度高。利用 GPS 系统可以获得动态目标的高精度的坐标、速度和时间信息,在较大空间尺度上对静态目标可以获得 $10^{-6} \sim 10^{-7}$ 的相对定位精度。随着技术水平的提高,定位精度还将进一步提高。

(4)静态定位观测效率高。根据精度要求的不同,GPS 静态观测时间从数分钟到数十天不等,从数据采集到数据处理基本上都是自动完成。而使用传统的测绘技术达到相同的精度则比较困难,且往往需要几倍乃至十几倍的观测时间并耗费大量人力物力。

(5)应用广泛。GPS 以其全天候、高精度、自动化、高效益等显著特点成功地应用于测绘领域、资源勘探、环境保护、农林牧渔、运载工具导航和管制、地壳运动监测、工程变形监测、地球动力学等多门学科。

以下试举两例。

[例 1-1] 美国德州的科学家通过配备在奶牛脖子上的 GPS 定位装置(图 1-1),跟踪它们的路线,观察奶牛饮水、吃草的区域和行进的路线,来研究水源、牧草分布等畜牧问题。图 1-1 中奶牛脖子下的金属装置即是一个 GPS 定位装置。这个"项圈"不到 0.45kg 重,采集并存储包括定位数据在内的几类数据,奶牛几乎不会注意到它的存在。

[例 1-2] 联合制导攻击武器(JDAM——Joint Direct Attack Munition)是美国一种将常规炸弹经过改造使其具备精确打击能力的战术武器,主要是在常规炸弹上安装一个 GPS 收发装

置,使其根据 GPS 系统提供的信息进行精确定位。美国军方称该技术具有极高的系统可靠性。自 1991 年海湾战争以后,JDAM 逐渐取代了昂贵的激光制导炸弹,成为美国空军的主要打击武器之一(图 1-2)。

图 1-1 “GPS 奶牛”

图 1-2 联合制导攻击武器(JDAM)

综上所述,GPS 技术的产生和发展,是空间信息技术的一次重大突破。不但使传统测量理论和方法发生巨大的变革,而且对其他相关信息技术领域产生深远影响。

学习情境二 GPS 系统的构成

一般来说,GPS 系统主要由 3 个部分组成:空间星座部分、地面监控部分和用户设备部分(图 1-3)。这 3 个部分对 GPS 系统的正常工作所起的作用各不相同,缺一不可。

一、空间星座部分(Space Segment)

1. 卫星星座(GPS Constellation)及其几何分布

卫星星座及其几何分布如图 1-4 所示。

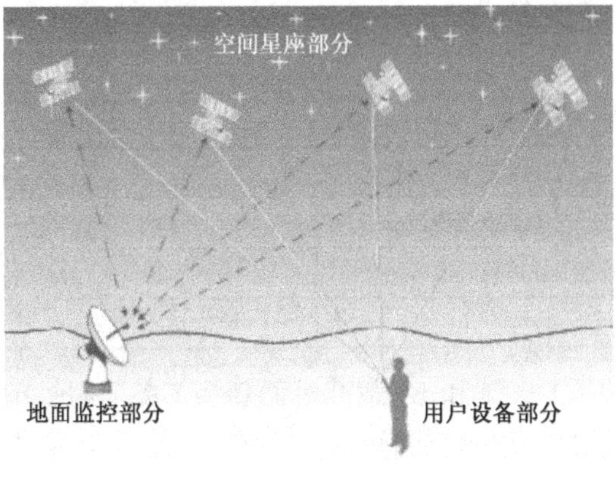

图 1-3 GPS 系统组成

图 1-4 卫星星座几何分布图

GPS 系统的星座部分主要由 24 颗(21 +3)卫星构成,其中 21 颗为工作卫星,另外 3 颗为备用卫星。这 24 颗卫星均匀分布在 6 个轨道平面内,每个轨道面包含 4 颗卫星。轨道面相对赤道面倾角为 55°,轨道的升交点(与赤道的交点)之间各相差 60°。每个轨道平面内各颗卫星之间的升交角距相差 90°,一个轨道平面上的卫星比西边相邻轨道平面上的相应卫星升交角距超前 30°。卫星轨道为椭圆形,平均高度约 20 200km,运行周期大约 11h58min。在两万多千米高空中的 GPS 卫星,当地球自转一周时,它们绕地球运行两周。这样,对于地面观测者来说,每天将提前约 4min 见到同一颗 GPS 卫星,且每天见到的卫星几何分布相同。位于地平线以上的卫星颗数随着时间和地点的不同而有所不同,最少可见到 4 颗,最多时可见到 11 颗。在用 GPS 信号导航定位时,为了解算点位的经度(Longitude)、纬度(Latitude)和高程(Altitude),必须观测至少 4 颗 GPS 卫星。这 4 颗卫星在观测过程中的几何位置分布对定位精度有一定的影响。在某地某时由于地理位置和环境因素的影响或者图形结构较差时,可能难以测得精确的点位坐标,这种时间段叫做“间隙段”。但这种间隙段是很短暂的,并不影响全球绝大多数地方的全天候、高精度、连续实时定位。

空间星座中 3 颗备用卫星可在必要时根据指令替代发生故障的卫星。这对 GPS 系统高效而可靠地工作是非常重要的。

2. GPS 卫星的种类

从 1978 年发射第一颗 GPS 试验卫星到 2003 年 2 月,仍然可以正常工作的 GPS 卫星有 28 颗。早期发射升空的 11 颗 GPS Block I 型卫星已全部停止工作(最后一颗 GPS Block I 型卫星于 1994 年 2 月停止使用)。目前这 28 颗卫星中的 21 颗属于 GPS Block II 或 IIA 型,另外 7 颗属于 GPS Block IIR 型。GPS Block IIR 卫星共发射了 8 颗。1997 年曾有一颗 GPS Block IIR 卫星因发射失败未能进入预定轨道。最近的一颗是 2003 年 1 月 29 日发射升空的。最新型的 GPS Block IIF 卫星(图 1-5)目前已经进入了生产车间,预计在今后几年将逐步取代 GPS Block II 和 IIA 型卫星。

图 1-5　GPS Block IIF 卫星

GPS Block IIF 卫星设计寿命为 15 年。其性能参数见表 1-2。

GPS Block IIF 卫星参数　　表 1-2

尺寸(m)	1.8×1.6×1.4	上行中继数据率(kbps)	1~2
质量(kg)	2 136	下行中继数据率(kbps)	32
自主运行时间(d)	60	卫星钟精确度(ns)	20
功率(W)	1 510	设计寿命(年)	15

现行 GPS 信号主要包括两种频率不同的载波,L1 载波和 L2 载波。而新型 GPS Block IIF 卫星拟加入的第二民用频率 L5 载波,可提高民用用户 GPS 信号精度。

目前有关机构正在研究未来 GPS 卫星导航的需求,讨论制订 GPS Block III 型卫星系统结构、系统的安全性、可靠程度和各种可能的风险,计划在未来的几年中发射 GPS Block III 的第一颗实验卫星。

3. GPS 卫星的主要功能

从图 1-5 可以看出,GPS 卫星的主体部分近似呈圆柱体,两侧配有双叶太阳能电池板。太阳能电池板能自动对日定向,保证卫星的日常工作用电。新型 GPS Block IIF 卫星的太阳能电池板比 II 型、IIA 型和 IIR 型更大。另外在每颗卫星内都配备 4 台原子钟,包括两台铷钟(RB——Rubidium)和两台铯钟(CS——Cesium),这是卫星的关键设备之一。它可发射标准频率信号,为 GPS 提供高精度的时间标准。

GPS 卫星的主要功能如下:

(1)接收并存储发自地面监控站的导航信息。

(2)利用星载高精度原子钟提供精密时间标准。

(3)通过卫星上的微处理机进行某些必要的数据处理。

(4)向用户播发定位数据信息。

(5)在地面监控站的指令下调整飞行姿态或启用备用卫星。

除了上述功能,部分 GPS 卫星还装配有某些附加设备,例如星载激光反射器和用于监测核爆炸的传感器。前者可用于激光测卫(SLR——Satellite Laser Ranging),后者主要用来监视美国以外的核国家在地面或大气层中进行核试验的情况。

二、地面监控部分(Control Segment)

GPS 的地面监控部分主要由分布在全球的 6 个地面站构成,其中包括卫星监测站、主控站、备用主控站和信息注入站,分别位于科罗拉多(Colorado)、盖茨堡(Gaithersburg)、夏威夷(Hawaii)、南大西洋的阿松森群岛(Ascencion)、印度洋的迭哥伽西亚(Diego Garcia)和南太平洋的卡瓦加兰(Kwajalein)。

1. 监测站(Monitor Station)

所有地面站都有监测站的功能,它们是主控站控制下的数据自动采集中心。其主要作用就是对 GPS 卫星数据和当地的环境数据进行采集、存储并传送给主控站。站内配备有 GPS 双频接收机、高精度原子钟、计算机和若干环境参数传感器。接收机用来采集 GPS 卫星数据、监测卫星工作状况。原子钟提供时间标准。环境参数传感器则收集当地有关的气象数据。所有数据经计算机初步处理后存储并传送给主控站,再由主控站作进一步的数据处理(图 1-6)。

2. 主控站(Master Control Station)

主控站只有一个,设在美国科罗拉多(Colorado)的施瑞福空军基地(Schriever Air Force Base)。它是整个 GPS 系统的"中枢神经"(图 1-7)。其主要作用如下:

(1)根据本站和其他监测站的所有观测数据,推算各卫星的星历、卫星钟差、大气改正等参数,并把这些数据传送到注入站。

(2)提供全球定位系统的时间基准。校准各监测站和 GPS 卫星的原子钟,所得误差编入导航电文再送到注入站。

(3)甄别偏离轨道的 GPS 卫星,发出指令使其沿预定轨道运行。

(4)判断卫星工作状态,启用备用卫星代替失效的卫星。

3. 备用主控站(Backup Master Control Station)

备用主控站也只有一个,位于美国马里兰州的盖茨堡(Gaithersburg Maryland)。不言而喻,它的作用和主控站完全一样,当某些特殊情况发生时才启用。一旦需要,主控站的工作人员能在 24h 以内集结于备用主控站并展开工作。为了确保万无一失,备用主控站每年都要进行实际操作演练。

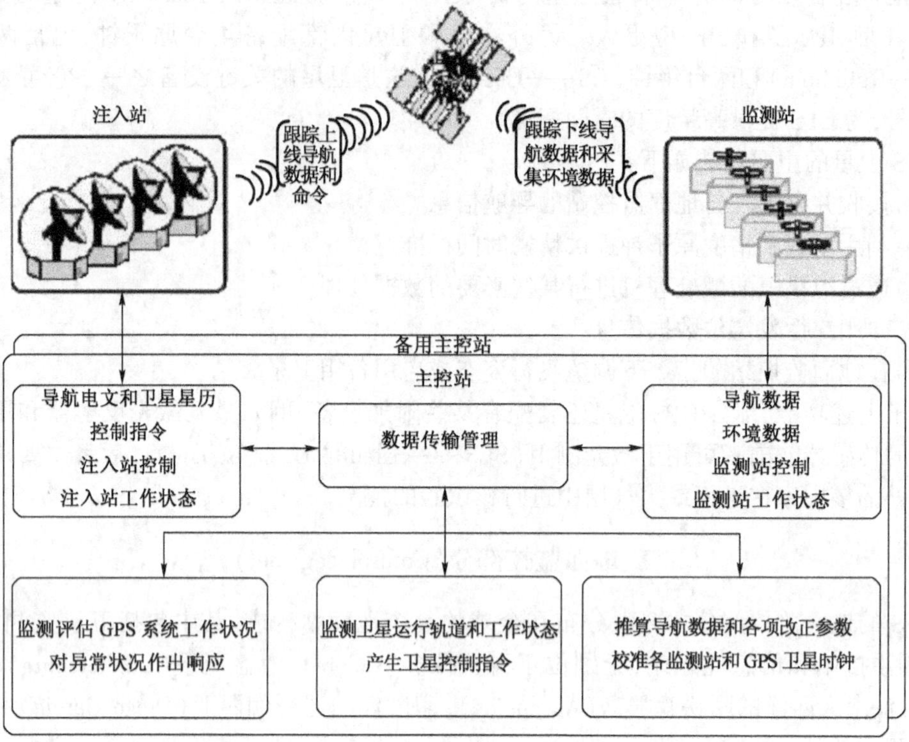

图 1-6　地面监控系统的运作

a)　　b)

图 1-7　接收机

a)测地型接收机;b)军用 GPS 接收机

4. 注入站(Ground Antenna)

注入站目前有 4 个,位于科罗拉多、阿松森群岛等地。注入站的主要设备包括一个大型天线、一台 C 波段发射机和计算机。它的主要作用就是将主控站推算的卫星星历、导航电文、钟差和其他控制指令,以一定的格式注入到相应卫星的存储系统,并监测注入信息的准确性(图 1-7)。

GPS 系统地面监控部分的大部分工作都是在原子钟和计算机的控制下自动完成的,其中监测站和注入站均可做到24h无人值守。各站点间数据通信都是利用专用网络来实现，具有较高的效率和自动化程度。

三、用户设备部分(User Segment)

作为被动式的定位技术，GPS用户必须通过专用信号接收设备才能达到定位目的。

用户设备部分的主要设备是GPS接收机，它是一种特制的无线电接收机。其主要作用是接收导航卫星发出的信号，对卫星信号进行处理后依据所得数据确定接收机所在的地理位置。根据不同性质的用户和所需的功能，需要配置不同种类的GPS接收机。其性能结构、形状尺寸和价格也大相径庭。例如：航海和航空用的导航型接收机，因为其中存有电子导航图等资料，因而要具有与存储卡或其他媒介相互通信的功能；测地型接收机[图1-7a)]要求具有很高的精度，并能快速采集和存储数据；军用接收机要附加解码模块，如果用于地面部队则要求具有较高的机动性。图1-7b)为便携式军用GPS接收机。

GPS接收机的种类虽然很多，但它的硬件结构基本一致，分为天线单元和接收单元两部分。图1-8为一个简化的接收机基本结构示意图。

天线单元由接收天线和前置放大器组成，其主要作用是接收卫星信号。接收单元包括信号通道、存储、计算与显示控制及电源等部件。其主要功能是接收来自天线的信号，经过变频、放大、滤波等一系列处理，实现对GPS信号的跟踪、锁定、解调，分离出导航信息。根据收到的卫星星历、伪距观测数据以及载波观测量，计算出三维坐标和时间。接收单元的显示控制等部件可以完成人机对话、输入各种指令、控制屏幕显示等操作。

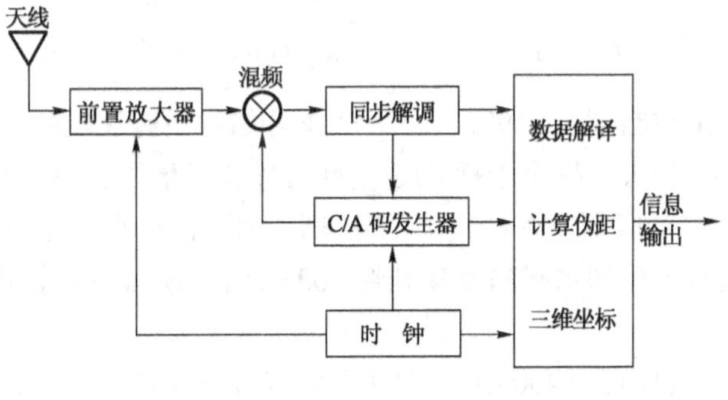

图1-8 接收机基本结构示意图

学习情境三 美国政府的限制政策与用户策略

1983年，美国时任总统里根宣布将开放部分GPS导航信号以供民用导航使用。此言一出，许多厂商纷纷开始研发用于民用的GPS接收机，其中既有导航用的接收机，也包括测地形的接收机。为了保障其自身的利益与安全，美国政府随即又采取了一系列限制措施，以防止非经美国政府特许的用户获得高精度定位信息。限制政策主要包括如下内容：

(1)对不同的GPS用户，分别提供两种不同精度的定位服务。

(2)实施选择可用性政策，即SA政策(已被取消)。

(3)实施反电子欺骗防护措施，即A-S措施。

一、精密定位服务与标准定位服务

利用测距码(Ranging Code)信号确定站星之间的距离是GPS定位的关键技术之一。而在GPS卫星发送的电磁波信号中,调制了两种精度不同的测距码,即所谓C/A码(Coarse/Acquisition Code)和P码(Precise Code)。前者测距精度低,又称粗码;后者测距精度高,又称精码。对应这两种不同的测距码,GPS提供两种定位服务,即标准定位服务(SPS——Standard Positioning Service)和精密定位服务(PPS——Precise Positioning Service)。

精密定位服务(PPS),主要提供L1载波和L2载波上的P码和C/A码以及导航电文。它所服务的对象是美国政府特许用户(Authorized Users)。所谓特许用户,除了美军及其盟军以外,还包括某些政府部门和经政府授权的民用用户。P码具有良好的测距精度,加之双频观测(L1载波和L2载波)可以有效削弱电离层弥散效应引起的误差。因此,利用PPS单点实时定位的水平精度可达5~10m。然而可解调P码的接收机设备非特许用户不易获得,所以很难加以利用。

标准定位服务(SPS),主要提供L1载波上的C/A码以及导航电文。它服务的对象都是非特许用户。由于C/A码的测距精度相对较低,又不能利用双频观测抑制电离层的影响,因此,用户所能获得单点实时定位的水平精度只有15~20m左右(在取消SA政策以后)。不过,美国政府承诺未来将在L2载波上加载民用信号(2001年1月曾进行过加载试验),由此非特许用户也可以利用双频观测削弱电离层引起的误差。SPS单点实时定位的精度可望进一步提高。

二、选择可用性(SA——Selective Availability)

为了降低SPS的定位精度,自1991年7月美国开始对所有在轨的工作卫星实施SA技术。该技术主要是利用人为加入的噪声干扰GPS基准信号和卫星星历,从而降低C/A码单点实时定位的精度。特许用户可以利用密匙自动消除SA的影响,而非特许用户在SA技术影响下,标准定位服务单点实时定位的水平精度降到约100m,而且还可以根据需要加大干扰力度,进一步降低精度。

由于种种原因,美国政府于2000年5月1日已经停止了施加SA技术。

三、反电子欺骗(A-S-Anti-Spoofing)

当P码已被破解,或者有人掌握了特许用户接收机接收的卫星信号的频率和P码相位,便可以发射“适当”频率的干扰信号,诱使特许用户产生错误的定位信息。为了防止这种电子欺骗,美国政府采用反电子欺骗(A-S)技术。具体地说就是使用严格保密的W码,通过P码和W码相加,将P码转换成Y码。这时,非特许用户将无法继续应用P码进行精密定位或电子欺骗。

四、限制性政策下非特许用户的应对策略

美国政府的限制性政策无疑是出于对自身安全和利益的考虑,但这对包括美国本土在内的世界各国的广大非特许用户造成了影响。为了摆脱这种影响,广大用户展开许多研究和试验工作,并取得了一系列成果。目前采取的措施主要包括下列内容。

1. 建立独立的 GPS 测轨系统

GPS 卫星定轨精度直接关系到定位精度,而卫星定轨主要是靠 GPS 卫星发送的“官方”广播星历。为了提高定轨精度,降低对广播星历的依赖性,一些非官方的民间机构和组织利用 GPS 卫星建立独立的跟踪系统,为广大的非特许用户提供精密卫星星历。显然,独立的定轨系统对摆脱美国政府的限制,促进对 GPS 的研究和广泛应用具有重要意义。

自美国政府宣布 GPS 将为民用提供服务后不久,美国、加拿大、澳大利亚以及一些欧洲国家的科研教育机构和组织纷纷开始筹建区域性或全球的精密测轨系统。进入 20 世纪 90 年代以后,其跟踪站已广泛分布全球五大洲的几乎各个角落,形成一个跟踪网络,其定轨精度最高可达到分米级水平。所谓跟踪站(Satellite Tracking Station),即相当于民用测轨系统的监测站。其设备和作用与 GPS 系统的官方监测站非常类似。从理论上讲,数量更多、分布更广的跟踪网所能获得的定轨精度将高于监测站。

1993 年,国际大地测量协会(IAG——the International Association of Geodesy)宣布成立国际地球动力学 GPS 服务组织(IGS——the International GPS Service for Geodynamics)。IGS 的任务主要是为大地测量、地球动力学和地球物理等学科领域提供服务,其次也为政府部门和某些商业组织的 GPS 应用提供数据支持。IGS 跟踪网确定的 GPS 卫星星历的精度可达到厘米级,而且经过大量的研究和试验取得了许多的科研成果。这些研究对发展和普及 GPS 系统具有重要意义。

虽然利用 IGS 提供的精密星历可以获得很高的定位精度,但由于种种障隔,这种全球独立测轨系统多数是应用在科研教育等领域,目前还难以对日常的生产和生活产生影响。

2. 研究、开发差分 GPS(DGPS——Differential GPS)**定位系统**

差分 GPS 定位的基本方式之一就是对观测值之间进行线性组合,例如在一个测站对两颗卫星的观测量、两个测站对一颗卫星的观测量或一个测站对一颗卫星的两次观测量之间求差。这样做的目的意在消除或削弱某些误差项(比如电离层和对流层引起的误差),以提高定位精度。差分的方式在以前的无线电导航系统中曾被广泛应用。

根据差分信号作用范围的不同,差分 GPS 定位可分为两类,即局域差分 GPS(LADGPS——Local Area Differential GPS)和广域差分 GPS(WADGPS——Wild Area Differential GPS)。前者作用范围较小(例如 150km),主要提供综合的差分 GPS 改正信息。后者作用范围较大(一般超过 1 000km 甚至全球范围),主要是针对具体的误差源提供改正信息。

20 世纪 90 年代中后期,美国联邦航空局(FAA——Federal Aviation Administration)开始建立广域增强系统(WAAS——Wide Area Augmentation System)。该系统有较大覆盖范围,主要为民用航空器的飞行和起降提供导航。其工作原理是:首先由地面的参考站(Wide-area Reference Station)采集 GPS 信号并传送给主控站(Wide-area Master Station),主控站获取数据后经计算求得差分改正信息,再将改正信息传送至地球站(Ground Earth Station),由地球站将改正信息上传给在轨的地球同步卫星(Geostationary Earth Orbit Satellite),最后由地球同步卫星向广大用户播发 WAAS 差分信号。该系统于 2000 年 8 月开始投入使用,其动态定位水平精度可达到 3 ~ 5m,垂直精度可达到 3 ~ 7m。

静态差分定位可以达到毫米级精度,广泛应用于精密工程测量、工程与地壳变形监测、灾害预报以及地球动力学等领域。

3. 建立独立的导航定位系统

GPS 虽系军民两用的卫星导航系统,实则完全由美国政府掌控。它能随时施加具有可伸缩性的限制政策，其他各国难免不受其限制。于是，俄联邦、欧共体、中国等一些国家和地区开始发展自己的卫星导航系统。

1)全球导航卫星系统

20世纪60年代，前苏联建立了帕瑞斯(Parus)卫星导航系统，有的文献也称之为Tsikada-M。该系统主要用于军事用途，几乎从未被官方提及，因而外界知之甚少。到了20世纪70年代，前苏联又启动了契卡达(Tsikada-C)导航系统，该导航系统曾用于前苏联的海船导航，被认为是一个民用卫星导航系统，并一直沿用到20世纪90年代。

1978年，前苏联开始研发类似于GPS系统的全球导航卫星系统(GLONASS——Global Navigation Satellite System)。该系统也包含24颗卫星(其中包括3颗备用卫星)，均匀分布于3个轨道面。轨道倾角约64.8°，轨道高度约19 130~20 180km。卫星绕地球一圈的周期约为11h15min。卫星识别采用频分多址，即不同的卫星发射频率不同。由于卫星轨道倾角大于GPS倾角，所以在高纬度(50°以上)地区的卫星可视性要比GPS好。该种导航卫星的设计寿命为3~5年(图1-9)。

图1-9　GLONASS卫星

GLONASS的地面监控系统有5个跟踪站、9个监测站和1个主控站，它们均设于前苏联本土。用户可以通过接收调制在两个载频上的民用测距码和高精度测距码以及卫星星历等导航信息来实现定位，其算法与GPS定位算法类似。

自1982年10月12日前苏联发射第一颗GLONASS卫星到2001年12月31日，一共发射了至少82颗GLONASS卫星。该定位系统曾一度于1996年基本完成部署，后因故未能有效维护，目前尚可在轨正常工作的卫星还有9颗，其中最近3颗于2001年12月1日由俄罗斯质子火箭运载升空。该系统一旦正常投入使用，其定位精度与GPS基本相当。

2)伽利略系统

20世纪80年代，欧洲空间局(ESA——European Space Agency)提出建立一种民用的全球卫星导航系统。计划发射18颗卫星，轨道高度约20 000km，周期约12h。与GPS、GLONASS一样，该系统也能在全球范围内连续提供三维位置、三维速度和时间。此系统在有的文献中叫NAVSAT，但由于种种缘故并未真正施行。

20世纪90年代，欧盟委员会(EC——European Commission)、欧洲空间局(ESA)等机构提出，希望通过国际合作建立一种民用的全球卫星导航系统（GNSS——Global Navigation Satellite System），以满足欧洲乃至更大范围内的海、陆、空导航以及搜索、营救、预警等需要。此计划分两步走：第一步是建立一个与美国 GPS 系统和俄罗斯 GLONASS 系统兼容的区域性导航卫星系统（GNSS-1）；第二步是建立一个完全独立于 GPS 和 GLONASS 系统之外的全球导航卫星系统（GNSS-2）。

GNSS-1 系统是利用欧洲地球静止卫星导航覆盖服务（EGNOS——European Geo-stationary Navigation Overlay Service），把美国 GPS 系统和俄罗斯 GLONASS 系统的信号综合在一起，为用户提供精确的定位数据。EGNOS 系统由 3 颗地球静止轨道卫星（包括 2 颗 Inmarsat-3 卫星和 1 颗 Artemis 通信卫星）、地面监控站和用户设备构成。从 2000 年至今，已分别在汽车、舰船和飞机上进行过数次试验，水平定位精度目前约为 16 ~ 220m。

GNSS-2 又叫伽利略计划（Galileo Program），是欧洲未来的卫星导航系统。与 GNSS-1 不同，该系统是完全独立于 GPS 和 GLONASS 的民用全球导航系统。它由大约 30 颗在轨卫星和若干地面监控站构成，能为用户提供三维坐标和时间。2002 年 3 月 26 日，欧盟 15 国交通部长会议（Transport Ministers of the European Union）一致决定正式启动伽利略卫星导航定位系统计划。

3）北斗导航系统

中国于 2000 年 10 月 31 日和 12 月 21 日相继成功发射两颗导航定位试验卫星，也就是所谓的“北斗导航系统”（Beidou Navigation System）。

北斗导航系统属于区域性导航卫星系统，它的系统构成包括两颗地球静止卫星（Geo-stationary Satellite，也称地球同步卫星）、一个装备有三维电子地图的地面中心站、若干个分布全国的参考站以及用户机等软硬件设备。它的定位原理是：以两颗卫星的已知坐标为圆心，以测定的双星到用户机的距离为半径，这时可以形成两个圆球面。而用户机必定位于这两个球面相交的大圆上，这个大圆称为交线圆。三维电子地图提供一个以地心为球心，以球心至地表高度为半径的非均匀三维球面。求解交线圆与地球表面的交点即可获得用户位置。

北斗导航系统目前尚处于初级阶段，有许多技术问题亟待解决和完善，短时间内还难以取代 GPS 系统。但它的研制成功，对于摆脱对国外卫星导航技术的依赖、促进我国航空航天和卫星通信技术的发展，都具有重大的战略意义。

学习情境四　其他导航系统

卫星导航虽属高新技术，但也并非无所不能。开发研究其他的导航定位系统不但可以弥补卫星导航技术的不足，提高系统的可靠性，同时也能促进卫星导航技术的发展。

提及导航，人们使用时间最长的导航方法是星历导航，人类通过观察星座的位置变化来确定自己的方位。最早的导航仪是中国人发明的指南针，几个世纪以来它经过不断的改进变得越来越精密，并一直为人们所广泛应用。最早的航海表是英国人 John Harrison 经过 47 年的艰苦工作于 1761 年发明的。在其后的两个世纪，人类主要通过综合利用星历知识、指南针和航海表进行导航和定位。进入 20 世纪以后，新的导航技术主要分为三类，除了卫星导航外，还包括惯性导航和无线电导航。下面介绍惯性导航和无线电导航。

一、惯 性 导 航

惯性导航(Inertial Navigation)技术,是指主要通过惯性元件(陀螺仪和加速度计)获知运动载体加速度,并对加速度进行积分来确定空间位置变化。1972 年,美国利登(Litton)公司研制了世界上第一台惯性测量仪。其后陆续又有一些公司和组织机构开发新的惯性导航系统,不但精度大为提高,还可测定重力异常和垂线偏差。惯性导航技术在军事上主要可用于运动目标的导航和地面布网;在民用上可用于地下、水下或城市高层建筑以及某些特殊环境下的导航定位。将惯性导航技术与卫星导航技术相组合,两者优势互补,是未来导航技术体制发展的方向之一。

二、无线电导航

无线电测向技术最早出现在 20 世纪初。由于测向的精度低,作用距离短,目前在航海上已很少用它来定位。第二次世界大战期间和战后,美国等国家相继研制了罗兰、欧米加等双曲线导航系统,以及其他方式的以地面导航台为基准的陆基无线电导航系统(Land-based Radio Navigation System)。

罗兰(LORAN——Long Range Navigation)系统是一种较早建成的中频双曲线导航系统(Hyperbolic Navigation System)。该系统是由麻省理工学院(MIT——the Massachusetts Institute of Technology)在“二战”期间研制的,于 1942 年正式投入使用,定位精度为 0.5 ~ 1.5m。后来人们称它为罗兰-A(LORAN-A)导航系统。20 世纪 60 年代,中国在沿海布设了罗兰-A 发射台,称为中导-1 型系统。

1957 年,在罗兰-A 基础上,美国研制成功了频率较低的罗兰-C 远程导航系统。罗兰-C 定位的基本原理,是通过主站和从站之间脉冲到达的时间差来计算实时位置。罗兰-C 系统可供舰船和飞机导航定位,其信号还能入水 3 ~ 5m。罗兰-C 比罗兰-A 系统覆盖范围大,定位精度高(0.2 ~ 0.5m)。中国于 1988 年建立了罗兰-C 发射台,并把该系统定名为远导-1 系统。20 世纪 90 年代中国沿海均能用罗兰-C 导航定位。

欧米加(OMEGA)导航系统是美国研制的一种超低频(VLF——Very Low Frequency)、超远程导航系统。1972 年建立了第一个欧米加导航台,1982 年建成分布在全球的 8 个导航台。欧米加定位精度较低,约 2 ~ 4m。但它的信号作用范围很大且能入水十几米深,可供飞机、大洋航行的舰船以及水下潜艇导航定位用。

学习情境五　GPS 技术在智能交通系统中的应用简介

交通系统是一个人、车、路及其环境综合作用的复杂而庞大的系统,因此,仅分别从人、车、路方面考虑以期彻底解决交通拥挤问题是不切实际的。目前,人们开始从系统的观点出发,将人、车、路等因素综合考虑,将现代通信技术、控制技术等运用于运输系统管理,一方面使人、车等交通系统中的“节点”对系统状况有充分了解,从而作出灵活的反应;另一方面使交通管理者能够动态、实时地了解和监控交通系统,使系统发挥最高效率,使“节点”和系统能够智能交互,实现整个系统的智能化,这就是智能交通系统(ITS,Intelligent Transport System)。车辆的位置是 ITS 的重要信息。全球定位系统(GPS)和地理信息系统(GIS)相结合,可以实时、准确地提供位置信息。由此可见,GPS 是实现交通智能化的关键技术。随着信息化进程的加快,智能交通系统将在现代化交通工程中发挥越来越重要的作用。

一、GPS 在 ITS 中的应用

目前,随着 GPS 卫星导航定位技术与无线电通信网络的发展, GPS 在 ITS 中的应用主要分为以下两大类。

1. 基于 GPS 技术实现的导航系统

如图 1-10 所示,基于 GPS 实现的车辆导航系统由 GPS 接收机、微处理机、导航软件、显示器、地理信息系统组成。

GPS 接收机可同时接收 4 颗以上卫星信号,确定三维坐标,用以确定车辆位置。导航软件用于各系统的数据处理和管理;显示器可用于实体运行情况的实时显示;地理信息系统用于存放地图和有关导航信息。

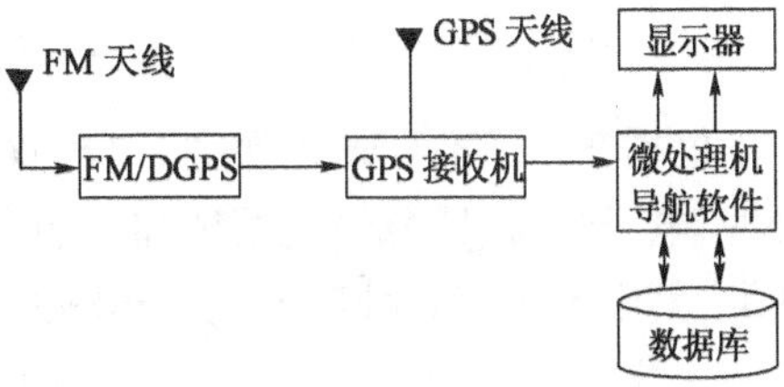

图 1-10　车辆导航系统

基于 GPS 技术的导航系统主要典型应用包括下列两点:

(1) 车辆导航。GPS 车辆监控中心可以实时为用户提供导航及其他增值服务,如"前方路口右转"、"您已经偏离航线"、"前方 1km 堵车,请选择其他路线"等信息提示。

(2) 行人导航。GPS 在个人旅游中能实现实时卫星定位,帮助旅游者获得正确地理位置及路线,位置误差可控制在 10m 以内,确保不迷失方向,保障旅游者安全。

2. 基于 GPS 技术实现的车辆运营管理系统

车辆运营管理系统是由 GPS、GIS、无线电通信网络、多媒体、遥测遥控集成为一体的一种新型车辆运营管理系统,见图 1-11。它主要是为了使车辆运营管理部门、安全保卫部门及时掌握车辆的运行状况,便于对车辆进行指挥调度,同时为驾驶员提供交通、公安和服务信息。根据不同要求,该系统管理的车辆可安装车辆导航系统,也可只安装 GPS 接收机,以提供车辆位置信息。车辆监控中心设有多台微型计算机、一台工作站与大屏幕显示器。为了对车辆进行监测与管理,在计算机内装有城市道路信息库、车辆运行状态监测软件、重要车辆运行路线优化设计软件、车辆运营调度管理系统软件、车辆报警紧急处理软件等。

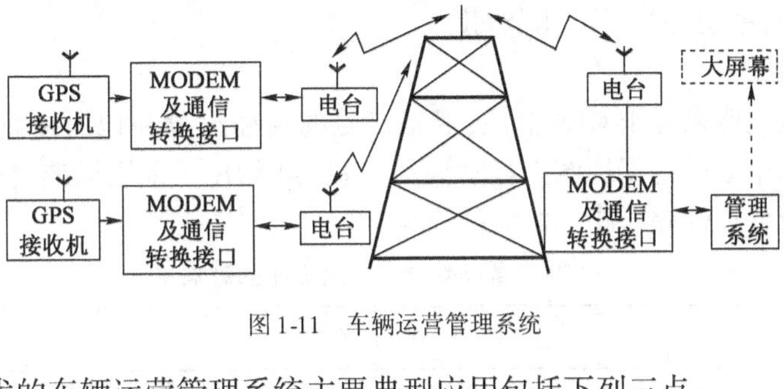

图 1-11　车辆运营管理系统

基于 GPS 技术的车辆运营管理系统主要典型应用包括下列三点:

(1) 急救、公交车监控和调度系统。急救部门、公交车和出租汽车可以利用 GPS 移动目标监控系统对各车辆发回的信息进行综合分析,再将调度命令发送给驾驶员,及时调整车辆运行情况,实现有效管理。同时,还可以推广使用电子站牌;电子站牌通过无线数据链路接收即将到站车辆发出的位置和速度信息,显示车辆运行信息,并预测到站时间,为乘客提供方便。

(2)出租汽车叫车服务系统。出租汽车叫车服务系统和GPS监控系统互联互通,它在客户用电话请求服务时,快速通过GPS定位找到离乘客最近的空载出租汽车,马上答复客户载客出租汽车的车牌号和到达时间,并同时通知该车前往接送客人,从而实现快速响应的优质叫车服务。

(3)长途运输货运系统。主要集中体现在车主能够对车辆行驶状态进行实时管理和货主实现对货物流动运转的实时在线查询。运输公司可以通过监控中心或网上查询了解车辆工作状态,同时,对于货物的委托用户,可以进行电话、手机短信或网上查询,及时了解货物运转状态。

二、ITS对GPS的精度要求

根据ISO标准,ITS的服务可分为6大类,包括:旅行和交通管理、商业车辆管理、公共运输管理、电子收费、紧急情况处理和车辆安全系统。这6大类服务又可细化为相应的28个服务种类,其中至少有8种需要进行车辆的实时定位。它们对车辆定位的性能要求如表1-3所示。

ITS对车辆导航的精度要求

表1-3

服务种类	精度要求(m)	服务种类	精度要求(m)
防撞	1	导航与路线引导	5~20
自动车辆监视	30	数据采集	25~35
自动车辆识别	30	车辆指挥与控制	30~50
公共安全	10	自动语音报站	25~30
资源管理	30	应急响应	75~100
事故或应急响应	30		

从表1-3中可以看出,除了极少的情况外,GPS系统基本上能够满足ITS对车辆定位精度的要求。

三、GPS在ITS应用中存在的问题及解决方案

在实际应用中,系统存在以下几个问题。

1. GPS定位精度

GPS定位误差主要来源于GPS卫星、卫星信号的传播过程和地面接收设备,造成的后果是移动车辆在控制中心的电子地图上显示混乱。表1-4给出了采用标准定位服务的GPS测量误差来源的分类及各项误差对距离测量的影响。

GPS测量误差分类及对测距的影响

表1-4

误差源	误差分类	误差范围(m)
卫星部分	星历误差、卫星钟差、相对论效应	1.5~15
信号传播	电离层、对流层、多路径效应	1.5~15
信号接收	接收机钟差、位置误差、天线相位、中心变化	1.5~5
其他影响	地球潮汐、负荷潮	1.0

对 GPS 定位而言，GPS 卫星的空间几何分布也会对定位精度产生一定程度的影响。在不考虑美国 SA 政策的情况下，普通 GPS 接收机定位精度约为 ±30m 左右。加上美国实行 SA 政策对定位精度的影响，用户单点实时定位的精度只有 ±100m 左右；美国取消 SA 政策以后，用户单点实时定位的精度可提升到 ±30m 左右。在电子地图上实时显示时，仍很可能出现前面提到的情况。消除定位精度带来的影响一般是采用差分 GPS，即利用 GPS 基准站与定位点的 GPS 接收机同时接收 GPS 卫星信号，通过差分来消除公共误差，从而提高定位点的定位精度。有效的差分可以完全消除共有误差（包括 SA 技术误差），大部分消除传播路径延迟误差。实时差分 GPS（DGPS）定位的精度可以达到 ±2 ~5m。

2. GPS 盲区

GPS 盲区是指 GPS 接收机可接收到信号的卫星数量小于 4 的地区。有时由于道路两旁地物特征复杂，又受密集的高大建筑物、隧道、立交桥、树木等地物的反射和遮蔽等影响，车载 GPS 接收机接收到的卫星信号存在严重的多路径效应，在某些区域内甚至会形成 GPS 定位盲区。俄罗斯的 GLONASS 在组成和功能上与美国的 GPS 相似，在定位、测速及定时精度上则优于施加 SA 之后的 GPS。GLONASS 既可以提供独立的导航服务，又可与 GPS 结合，将 GLONASS 组合到 GPS 中构成 GNSS，其主要有下列三方面的优势。

（1）有效性。在有遮挡的情况下，仍可能接收到满足定位要求的可见星数，从而大大提高导航系统的有效性。

（2）完整性。在定位数据出错时给用户提供报警信息，用户能得到比单独 GPS 高出 1 倍的概率来实现完整性算法。

（3）精度。由于 GLONASS 中没有 SA，在非差分的情况下，GNSS 的定位精度比单独的 GPS 高出 5 ~10 倍。定位精度的比较见表 1-5。

GPS、GLONASS、GNSS 定位精度比较 表 1-5

定 位 系 统	定位精度（50%）（m）	定位精度（95%）（m）
GNSS	7	16
GLONASS（无 SA）	8	20
GPS（有 SA）	25	100

GPS、GLONASS 虽然有着较高的定位精度，但仍存在自主性差、抗干扰能力不强、动态性能有限等缺点。因此，在需要高精度定位的应用场合，卫星定位系统也不能作为唯一的导航设备，而需要与其他导航定位技术相互结合起来，充分发挥各自的优势并进行互补，才能获得满意的定位导航精度。车辆航位推算设备一般由角度传感器和位移传感器构成。角度传感器主要有磁罗盘、差动里程仪和角速率陀螺等；位移传感器主要有加速度计、里程仪和多普勒雷达等。一般采用角速率陀螺和里程仪组成航位推算设备。

3. GPS 数据时延误差

由于 GPS 数据存在一定的误差，而且具有一定的时延性，同时，地图也存在误差。因此，GPS 数据时延误差主要表现为与导航地图的实时匹配问题。要解决实时匹配精度，一是提高 GPS 数据和电子地图的精度；二是利用算法提高准确度，将误差降到最低；三是改善网络设施，提高 GPS 数据在网络上传输的速度和完整性，尽量减少时延误差并且保证数据的完整。目前，关于地图实时匹配的研究是车辆导航系统中的研究热点。

四、结论与展望

要使 GPS 在 ITS 应用中得到其功能的有效发挥，就要有效地解决数据融合、传输及相关技术，其中包括定位精度、地图匹配技术、GPS 信号盲区处理，还应有控制平台的数据融合及分布式数据库等技术，以此实现各相关技术的有效集成。

以上介绍表明 GPS 技术的应用促进了 ITS 的发展，同时指出了在 ITS 应用中存在的问题并给出解决方案。随着网络技术和其他计算科学的发展，GPS 的各项功能将不断提高，必将推进我国 ITS 的发展。

项目二　GPS导航定位系统

学习情境一　GPS导航定位系统概述

在国家信息化发展战略和产业化方向的目标下,GPS技术在智能交通系统中得到广泛的应用与发展。在我国智能交通系统体系框架的43种用户服务中,就有二十几种需要知道车辆的实时位置,从而实现监控、调度、导航等功能。GPS在智能交通系统中的应用,与无线移动通信技术、智能导航终端、电子地图密切相关。

GPS车辆导航,就是在应用GIS(Geographic Information System,地理信息系统)技术构造的路网数字化地图的基础上,运用GPS等定位技术进行车辆定位,确定车辆最优行驶路线,为出行者提供静态的或实时的最优出行路线信息,并在出行过程中对驾驶员适时地作出路线指引。车辆导航系统不仅极大地方便了出行者,使他们可以按照自己选定的最优目标获得最优路线信息,而且还会对优化交通流在整个路网的分配方面产生积极的影响。另外,由于有了适时的路线指引,驾驶员可以将精力集中在驾驶操作上,从而有助于提高交通安全水平,减少交通事故。

我国GPS车辆导航定位系统的应用开发起步较晚,在"九五"期间才列入了国家重点发展项目。目前,我国已有几十家公司从事这方面的开发工作。不过我国使用车载GPS接收机进行自主定位的车辆很少,大量公司开发的热点集中在对特种车辆的监控调度系统上。但是近几年来,利用GPS进行车辆导航的定位系统已经有了很快的发展。例如,北京航空航天大学研制的定位系统就是使用GPS和差分GPS进行定位,它的定位精度一般可以小于10m,以提供多个用户使用。目前,东南大学已研制出使用航位推算系统和GPS组合的定位系统。

一般来说,GPS车辆导航定位系统由监控中心和车载定位终端两部分构成。车载定位终端中GSM模块不但与监控中心通过短消息进行通信,还要从移动运营商获得位置服务的信息。定位终端以短消息的形式,将GPS位置信息或从GSM网络获得的定位信息发送至监控中心。监控中心集成GIS地图,依靠接收的短消息中的定位信息来完成终端与电子地图的匹配及一些导航的指令等。

图2-1中所示的定位系统包括监控中心和定位终端。定位终端通过GPS接收模块接收GPS消息,实现GPS定位。同时能够通过GSM网络服务提供商提供的定位功能来实现GSM网络定位的功能。监控中心主要实现对GPS消息的处理和对定位终端的监控。

整个定位过程是用户向定位终端发送位置请求;定位终端接收到定位请求后,同时通过GPS模块和GSM/GPRS模块获取GPS消息和GSM网络位置消息,然后定位终端将网络定位消息回送给位置请求者,并同时将GPS消息和GSM网络位置消息通过GPRS或者短消息发送给监控中心;监控中心将GPS和GSM网络位置消息处理,并转换成为较为精确的位置消息以后,发送给位置请求者。

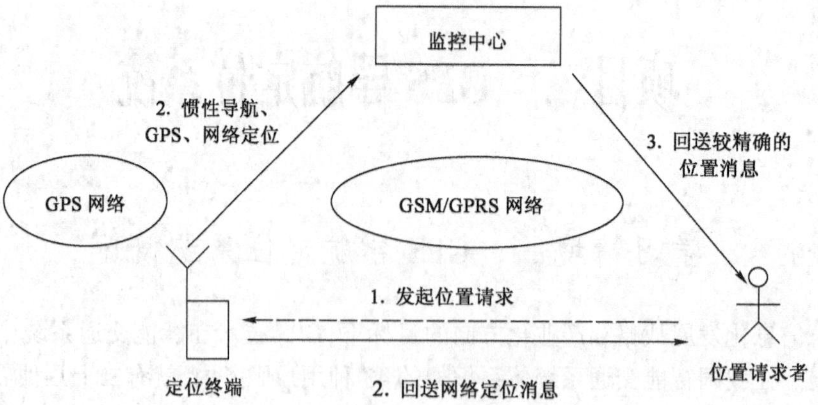

图 2-1　导航定位系统的整体框架图

学习情境二　认识车载 GPS 终端

一、产品主要组成

以长沙市为例，目前，长沙市使用较多的 GPS 产品是深圳市赛格导航科技股份有限公司生产的赛格车圣，其主要组成如下：

(1) 主机：赛格车圣 T3688-TGT21 车载主机。

(2) 显示终端：赛格车圣 T3688-CD02 汉显终端。

(3) 无线拨号器。

(4) 传声器。

(5) GSM + GPS 天线。

(6) 连线线束。

(7) 12V/24V 继电器。

(8) 劫警按钮。

二、产品主要功能(以赛格车圣为例)

1. 车载电话功能

该产品具有电话免提功能，方便用户在行驶中与其他人保持联系，并可以根据用户的需要，通过监控中心发送指令限定车载电话可否打入/打出功能，并具有集群通话功能。

2. 查询定位信息(查车)

车载终端可以响应由监控中心发出的查车指令，并向监控中心上报一次包含最新定位数据及车辆状态的信息。该功能可用于查看车辆的最新定位信息。

3. 实时回传定位信息(跟踪)

监控中心可通过下发跟踪指令来对车辆进行指定时间间隔、指定跟踪次数的实时定位跟踪。跟踪过程中，监控中心可下发停止跟踪指令来停止实时定位信息的回传。

4. 定时上报

定时上报是指车载终端可按照一定间隔时间(可设置)向监控中心上报车辆当前的位置

信息和状态信息。定时上报功能在通信异常时,可保存定时上报数据,并在通信回复正常时补报已存储的数据。

5. 点火、熄火上报

车载终端可在车辆点火、熄火时自动上报定位信息。

6. 空、重车变化上报

车载终端在空、重车变化时上报定位信息。

7. 历史信息上报

车载终端在车辆点火状态下每隔一定时间会记录一个信息点,当警情发生时也会记录一条历史记录。这个信息点记录的是实时定位信息,每次车辆点火时也会记录一条数据。历史记录的条数最多为10 000条;超过10 000条,则最初的一条记录将会被覆盖。历史记录数据保存在终端中,掉电后不丢失。监控中心可通过指令对这些历史信息进行查询和提取。

8. 定距上报

定距上报是指车载终端可被设置为每行驶一定距离(可设置)时向监控中心上报当前的位置信息和车辆状态。定距上报可分空车、重车设置不同的上报距离。

9. 抢劫报警

发送抢劫报警,车载终端会立刻向监控中心上报劫警信息;当劫警信息上报失败时,车载终端会自动重报,直到上报成功。上报劫警时,首先劫警灯熄灭,上报成功后再亮。发送抢劫报警可选配脚踏报警开关。

10. 越界报警

监控中心可对车辆指定行驶区域。当车辆行驶出或行驶进指定的区域时,车载终端将自动上报车辆进出区域的信息。

11. 主电源被破坏报警

在车辆熄火的情况下,如果车载终端电源被断开,车载终端将向监控中心上报主电源被破坏的报警。

12. 超速报警

监控中心可对车辆指定允许行驶的最高速度。当车辆行驶超过指定速度时,车载终端将自动上报当前车辆的位置及车辆超速的状态,并通过汉显振铃提示驾驶员超速。

13. 服务申请

当求助按钮被持续按下2s,汉显鸣叫“嘀嘀”两声并显示服务项,选择对应服务后车载单元立即向监控中心上报一次对应的服务申请(医疗、车辆故障、电话导航服务),监控中心接收到服务申请信息后将以回电或者下发短讯等方式为驾驶员提供服务。

14. 监听功能

车内出现警情时,监控中心可通过监听车内情况来协助判断警情真实性。

15. 控制车辆断油/电功能

如果实际管理情况需要,用户可以通过监控中心向车辆发出锁油断电或开油电指令,方便用户控制自己的车辆。

16. 车辆电池电压过低提示

车载设备实时检测车辆的蓄电池是否处于电压过低或主电源被破坏状态。如果蓄电池电压低于11.2V,车载终端将向监控中心上报有关车辆蓄电池电压低的提示信息。

17. 里程统计

车载终端若连接的计价器具有里程统计功能,则能把里程数据传送到车载终端,统计的里程包括空车里程和重车里程;若加装车速传感器,车载设备则能把里程行驶信息上报到监控中心。该功能方便监控中心对车辆的日常运营情况进行统计和分析。

18. 运营数据上传功能

车载终端可连接计价器,并把每次的运营数据通过 GPRS 上传到监控中心;如上传失败会把信息储存在车台里,直至上传成功。

19. 拍照功能(需选配摄像头)

车载终端在报警、翻牌及监控中心下发拍照指令后,可以自动按照中心设置进行拍照,而车载终端按照报警、翻牌及监控中心下发拍照对图像进行分类保存,各类照片单独存放。报警照片能存储 30 张以上,翻牌和监控中心下发指令拍照可存储 5 张以上。在同类照片中,在拍照时,当存储空间不够时,最初照片将被删除来保存最新照片,而当旧照片正在上传到监控中心时不能被删除,所以此时不能进行拍照,必须等到上传完毕后才能进行拍照。

20. GPS 故障报警

车载终端会自动检测设备工作状态,如检测到 GPS 故障,会向监控中心报警。

21. 车辆行驶中拐点上报

监控中心可远程设置车载终端在固定的时间内车辆拐弯的角度;当车辆达到设置的值时,会自动上报拐点定位信息。

22. 进出收费站信息上报

当车辆进出收费站的时候,车载设备会自动上报关键点定位信息,并可进行统计分析。

23. 盲区补报功能

如果车辆在进行定位信息上报时,恰好处于 GSM 信号盲区,则车载设备可以自动将该信息存储起来,在车辆行驶出 GSM 信号盲区后再补报该信息。

24. 遥控更改设置

监控中心可通过发送指令遥控更改车载设备的设置参数,不需到现场设置安装的车辆。

三、产品性能指标(以赛格车圣为例)

1. 使用环境

温度范围:-25 ~ +70℃;

相对湿度:5% ~95%;

存储温度:-40 ~ +80℃;

工作电压:直流 +8 ~ +36V(配有超电压保护装置);

最高电压:80V。

2. GPS 定位

接收通道:16 并行通道;

接收频率:L1(1 575.42MHz);

定位精度:<10m(无 SA);

速度精度:<0.1/s(无 SA);

更新率:1/s 连续;

速度:<515m/s;

加速度：±4g。

3. GSM/GPRS 通信

通信标准：符合 ESTI GSM 2 + 标准；

工作频率：EGSM900/GSM1800（GSM Phase 2 +）；

发射功率：2W（EGSM900）、1W（GSM1800）；

数据速率：上传 26.9kbps、下载 85.6kbps；

支持通信协议：TCP/IP。

学习情境三　车载 GPS 使用方法

下面以赛格车圣为例，介绍车辆 GPS 的使用方法。

一、设备的使用

1. 无线发射器

无线发射器各功能键如图 2-2 所示。

1）工作状态指示

赛格车圣正常工作时，报警按钮灯亮。汉显终端显示“中国移动”和“赛格车圣”字样；左上角显示信号强度；中间显示驾驶员工号和定位状态。

2）来电接听

赛格车圣出厂设置为自动接听方式。在发动机启动的情况下，当有电话打入时，自动接通来电。您在有电话时，可以通过手柄上的（重拨/接听/挂断）键通话。电话结束，对方挂机后车载设备会自动挂断电话。

3）拨打电话

在正常待机状态下，用无线拨号器输入要呼叫号码，每当输入一个数字键，汉显屏幕会显示号码；在输入号码后按下绿色（重拨/接听/挂断）键，电话自动接通。

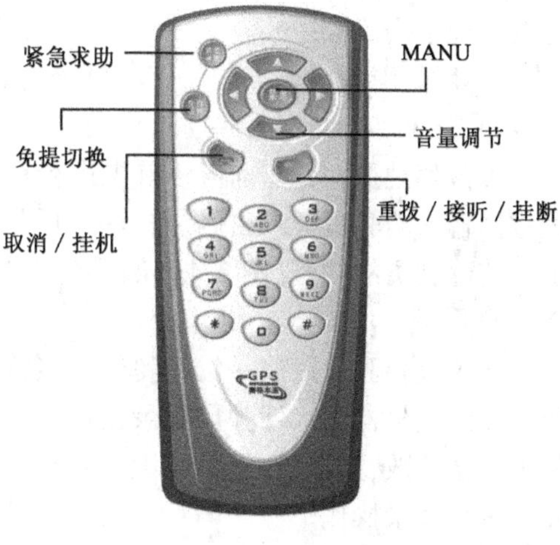

图 2-2　无线发射器

4）挂机

通话结束，按下绿色（重拨/接听/挂断）键或红色（取消/挂机）键，电话挂机。

5）音量调节

在通话状态下，按增音键▲或减音键▼可升高或降低音量。

6）紧急报警

在车辆被劫或遇到其他紧急情况时，可通过紧急报警按钮向监控中心报警。具体操作方法为：手动按下报警按钮并保持 2s，可见按钮指示灯灭，表示已开始向监控中心报警；按钮指示灯约 2s 后重新亮起。

2. 汉显

1）基本显示

产品通电后，在车载电话未被使用的情况下，汉显显示为普通模式（图 2-3），左上角显示信号强度,右上角显示时间,中部显示运营商信息。当车载电话在通话时,汉显显示为通话计时模式。

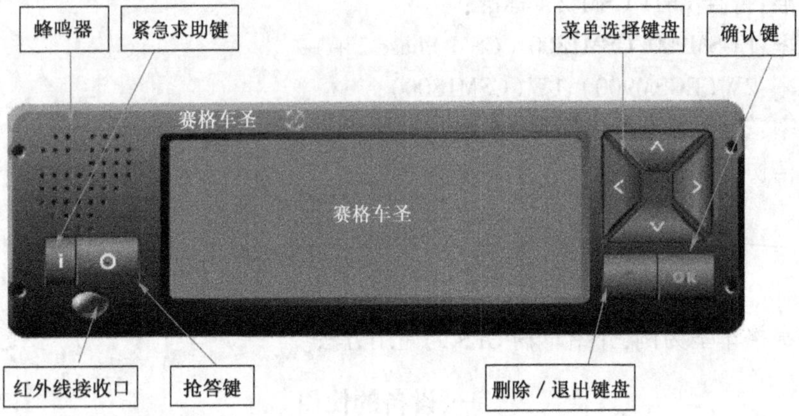

图2-3　汉显

2)登录GPRS后显示

当手机登录GPRS网络之后,汉显左上角“网络信号强度”变为“GPRS”字样,表示已经通过网络连接到监控中心。

3. 登录、退录操作

1)登录

每位驾驶员在驾车前应该首先进行登录操作:在汉显终端上选择“登录”菜单,通过无线拨号器输入驾驶员登录密码,按“OK”后如果登录成功,屏幕上会显示“登录成功”,同时会显示当前驾驶员的工号(图2-4);如果登录失败,则显示“登录失败或口令不匹配重新登录”。

2)退录

当更换驾驶员时前一位驾驶员应该首先进行退录操作:在汉显终端上选择“退录”菜单,通过无线拨号器输入驾驶员登录密码,按“OK”后如果退录成功,屏幕上会显示“退录成功”;如果退录失败,则显示“退录失败与口令不匹配重新输入口令”。注意:在退录不成功之前不允许进行登录操作。

值得一提的是,在驾驶员交班时一定要进行退录操作;只有在GPRS状态下才能进行登录和退录操作。

选择“登录”菜单之后(图2-5),可输入刚刚查询的密码(图2-6);如密码为空的话,输入任何数字之后,按“通话”键登录。

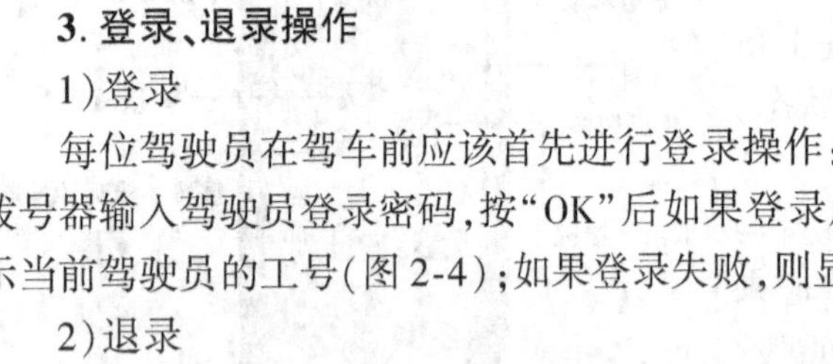

图2-4　驾驶员登录

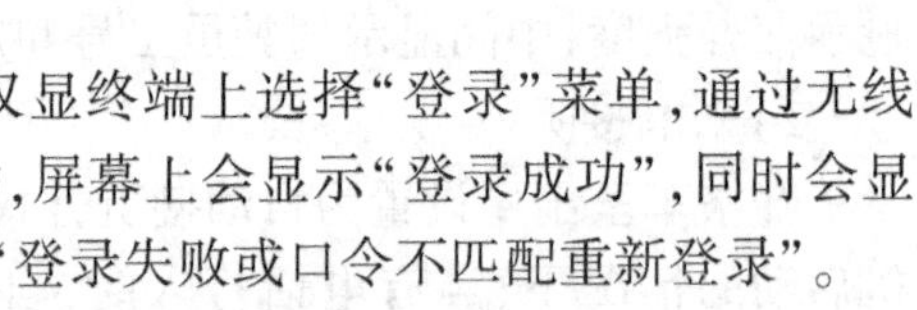

图2-5　选择登录界面

“登录”时会提示“正在登录…”,如图2-7所示。若登录成功会提示“登录成功”;反之会提示“登录失败”,可按“通话”键重新登录。

如驾驶员换班时可选择“退录”,即在主菜单界面,按数字“8”键进入“8. 退录”。然后另一驾驶员使用自己的名字进行“登录”。登录成功之后才可以使用车载电话功能;如没有“退录”会一直保持可使用车载电话功能,无需再重新“登录”。

图 2-6　输入登录密码界面

图 2-7　正在登录界面

4. 电话功能

1)呼出

拨打电话之前必须进行“登录”。登录之后若没有进行过退录,则车载电话会一直保持登录状态。在待机状态按数字键 0 ~ 9 将进入电话拨号功能,显示拨号画面(图 2-8)。逐个输入电话号码,其间,可通过按“C”键或“挂机”键一次删除一个号码;按住“C”键或“挂机”键 2s 不放将返回输入状态;在无号码时按“C”键将返回待机状态;按“通话”键将呼出拨打的电话号码。

在待机状态按“通话”键时,汉显将显示已拨打的电话号码(按“▲”、“▼”键可选择,不存在已拨打的电话号码时按键无效),再按“通话”将向车载单元发出电话号码。若 1min 内不按键将返回待机状态。每次拨号时,最多可输入 32 个号码。拨打电话号码后,显示“正在呼叫…”画面(图 2-9);进入通话状态显示通话时长(图 2-10);按“C”键或“挂机”键,汉显将挂机并返回待机状态;1min 内车载电话不摘机且汉显不挂机,汉显将返回待机状态。

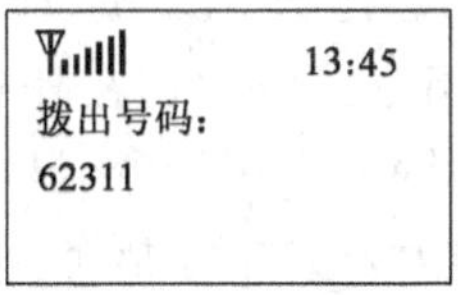

图 2-8　拨号画面

图 2-9　呼叫画面

图 2-10　通话计时画面

在通话状态下,按“▲”将向车载电话发出音量增加指令,按“▼”将向车载电话发出音量减小指令;按 0 ~ 9 键和 * 、# 键将向车载单元发出键盘操作命令,可用于拨打分机。

在拨打电话时,不管进入通话状态与否,拨过的电话号码将存入“通话记录”的“已拨电话”,但最多可存入 10 个,超过 10 个自动删除最早的一个。

2)接听

除通话状态下的任何时候,汉显会发出振铃指令,将显示“有来电”字样,同时蜂鸣器振铃。振铃提示发出后 1s 内将显示来电号码;来电号码最长 16 位,超过 16 位去头留尾,如图 2-11 所示。

在显示有来电时,按“C”键或“挂机”键将拒绝来电;按“OK”键将接听来电,然后进入通话计时状态,所有操作和拨打电话进入通话计时状态一样;若有来电电话号码,则将存入“通话记录”的“已接来电”。

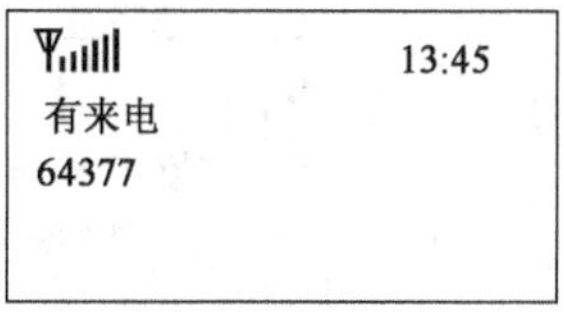

图 2-11　来电界面

在车辆熄火之后若 1min 内汉显无按键动作,汉显将发出挂机指令，自动结束振铃并返回待机状态，来电号码存入“通话记录”的“未接来电”。

5. 电招功能

当调度总台接到电招人（乘客）的电话后，调度总台会以电招人所在的地理位置为中心，向该点附近的出租汽车发出招标信息，如图 2-12 所示。

驾驶员收到此招标信息后，如果想去搭载这位乘客就要进行抢标；若不去则可按“C”按钮返回主界面，放弃本次电招。若想抢标，则要在看到招标信息时按下汉显上的“OK”按钮，之后会在汉显屏幕上显示如图 2-13 所示的选择菜单。

这时再次按下“OK”键（默认选择为“接受电招”），向调度总台发送投标短信，表示愿意去搭载此电招人。发送后屏幕上显示“正在发送短消息”；发送成功后会显示“短消息发送成功”。

调度总台在向驾驶员发送招标信息后等待驾驶员发来的投标短信；当调度总台收到抢标驾驶员的投标信息后，会向抢标成功的车辆发送有乘客详细信息的中标短信，表示此车可去搭载乘客。

中标后，驾驶员在查看中标短信时按“OK”按钮，会出现如图 2-14 所示的选择菜单。选择“呼叫”则驾驶员拨打乘客电话与乘客进行联系；选择“删除”则删除此条信息。

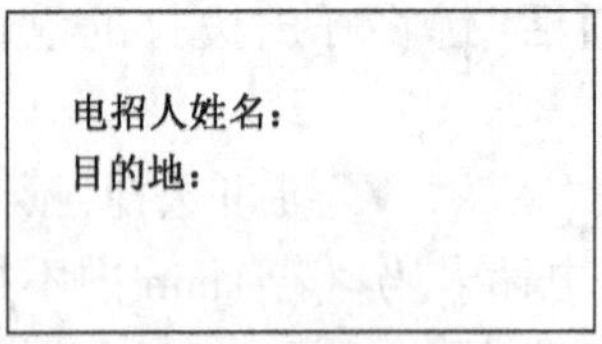

图 2-12　招标信息

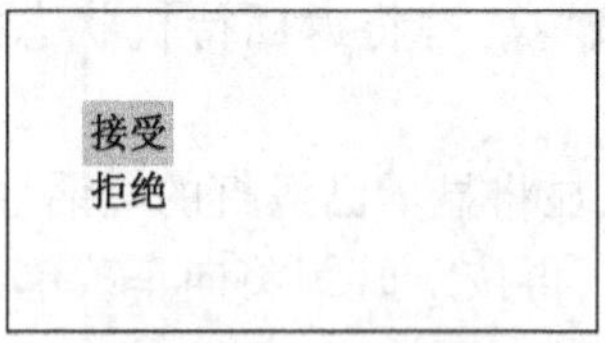

图 2-13　投标信息

图 2-14　中标后选择界面

注意：只有驾驶员登录之后才能使用电招功能。

6. 服务申请功能

任何状态下按面板上紧急求助键“i”2s，进入服务申请画面，如图 2-15 所示。按“C”键将不作申请，返回待机状态；选择“1”将向车载单元发出医疗服务申请指令，显示“正在呼叫…”（图 2-16），同时蜂鸣器“嘟嘟”鸣响；选择“2”将向车载单元发出故障服务申请指令，显示“正在呼叫…”（图 2-17），同时蜂鸣器“嘟嘟”鸣响；选择“3”将向车载单元发出信息服务申请指令，显示“正在呼叫…”（图 2-18），蜂鸣器“嘟嘟”鸣响。接下来的操作同电话拨打功能。

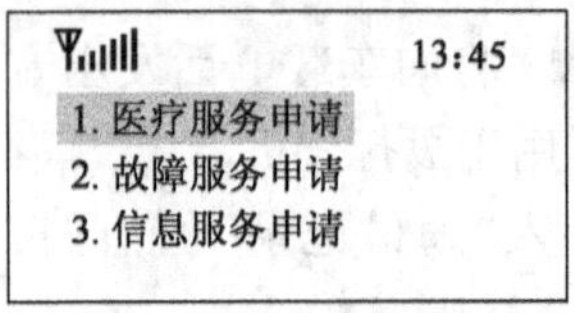

图 2-15　服务申请画面

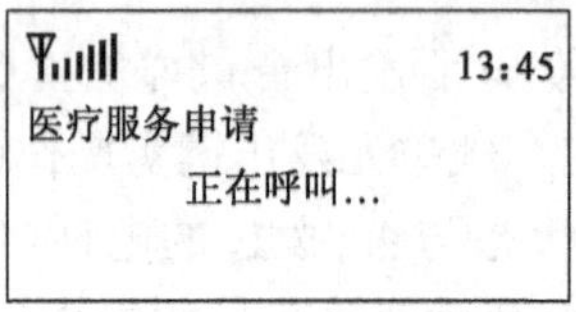

图 2-16　医疗服务申请

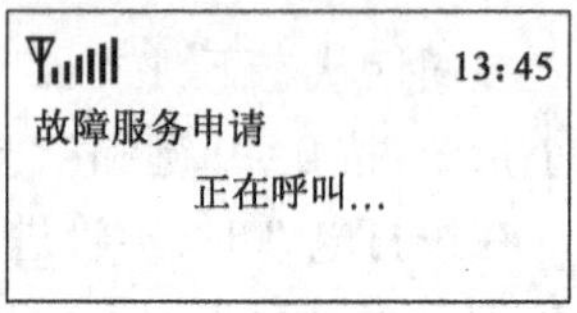

图 2-17　故障服务申请

7. 短消息

待机状态收到短消息显示“新短消息”，按“C”键取消，同时有信封标志（图 2-19）。其他状态收到短消息振铃并存储短消息，最大的消息条数是 99 条。如果短信息已达到 99 条，那么将不能正常收取新到的短消息，这时只有及时删除无用的短消息后才能收取。

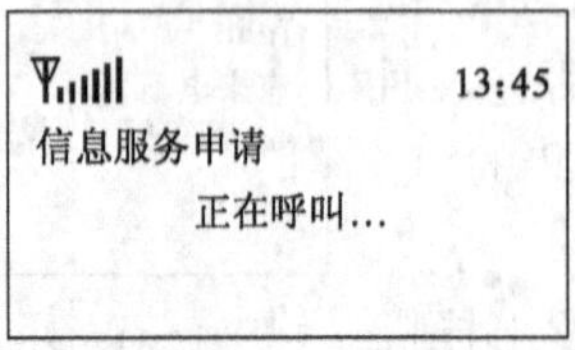

图 2-18　信息服务申请

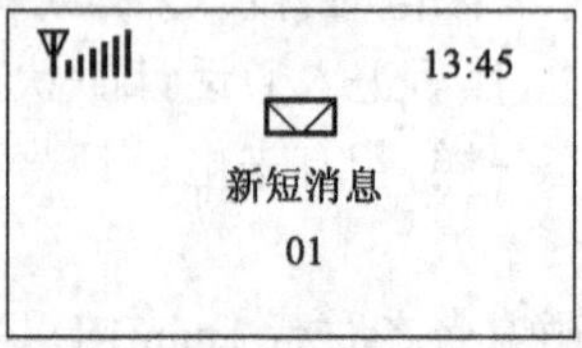

图 2-19　接收到新短消息

二、定位终端硬件设计及实现

1. 定位终端硬件体系结构

该定位系统由控制单元 MCU(Micro Controller Unit)、GPS 定位模块、GSM 模块、LCD 显示模块和电源模块组成,如图 2-20 所示。在加电启动完成初始化之后,如果用户以短消息的形式向该定位终端发送定位请求,终端将同时通过 GPS 定位模块和 GSM 模块获取位置信息,并将位置信息编制成短消息发送给位置请求方。GPS 模块完成接收 GPS 消息的功能,GSM 模块完成网络定位和短消息接收和发送的功能。

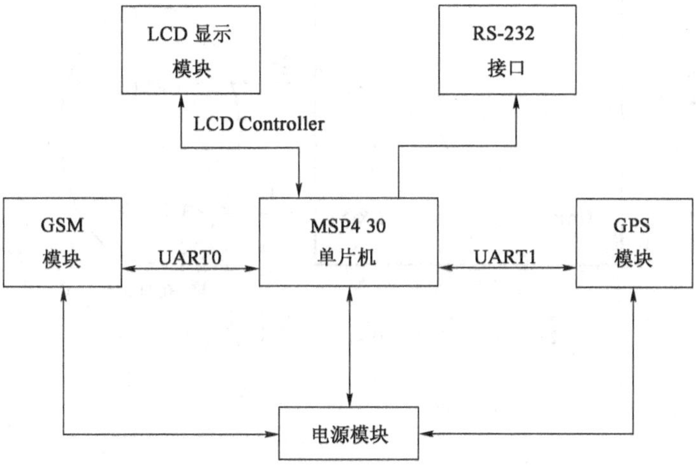

图 2-20　定位终端硬件构成图

2. 主要接口原理图

MCU 有两个串口,分别为 UART1 和 UART0。MCU 通过串口 1 与 GPS 模块通信(接口原理图如图 2-21 所示),通过串口 0 与 GSM 模块通信(接口原理图如图 2-22 所示)。因为 MCU 的两个串口、GPS 模块通信串口、GSM 模块通信串口均为 TTL 电平,故不需要电平转换芯片,直接将MCU的TXD和RXD与另外两个模块的RXD和TXD互联即可。(注意:MCU的TXD

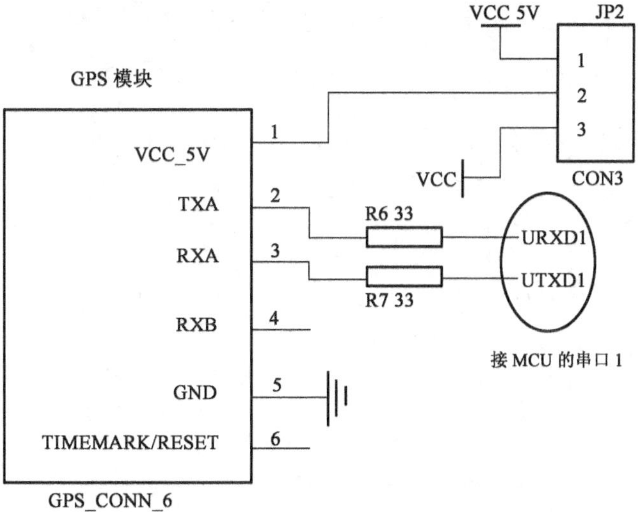

图 2-21　MCU 通过串口 1 与 GPS 模块通信的接口原理图

必须连接另外两个模块的 RXD,MCU 的 RXD 必须连接另外两个模块的 TXD。不可以接反,否则无法通信。)

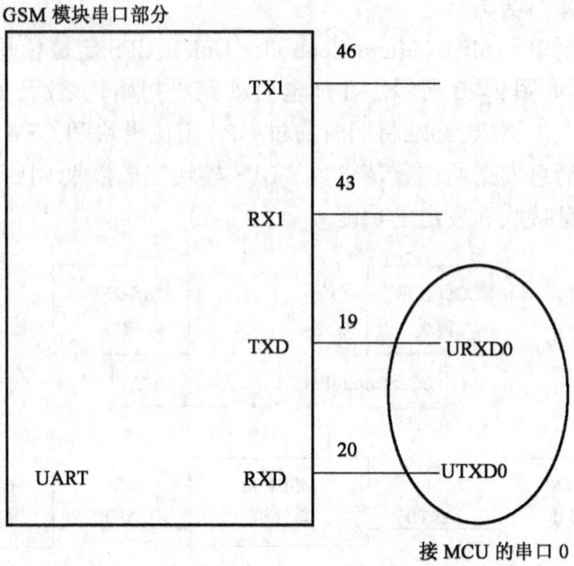

图 2-22　MCU 通过串口 0 与 GSM 模块通信的接口原理图

项目三　GPS公共车辆跟踪调度系统

学习情境一　GPS公共车辆跟踪调度系统概述

一、国内发展现状

GPS应用技术已逐步在公共交通行业展开,并取得了一定的成绩。上海、北京等城市将GPS技术、GIS技术和无线通信技术结合形成了城市智能交通系统。随着科学技术的进步和政府对公交投入力度的加大,上海、北京、广州、杭州等城市已在部分公交线路上建立了车辆跟踪调度系统,安装了GPS定位设备,实现了对车辆的实时跟踪和定位、公交车与调度室的双向通信以及电子站牌实时显示公交到站信息等功能。该系统是一个集公交指挥调度、综合业务通信、乘客信息服务于一体的全方位调度管理服务系统。它的建立,将极大地提升城市公共交通的管理效率和运营能力,节省大量的人力、物力和财力,在促进城市管理信息化、改善服务质量和优化社会环境等方面发挥巨大作用,并具有一定的社会和经济效益。它必将促使城市公交系统最终迈向计算机管理的信息时代。

在公交车、出租汽车上安装GPS接收机,便能获知车辆位置、运行速度和运行方向。但是,车载GPS接收机的定位精度通常受到卫星信号状况和道路环境的影响,在一天内,不同时间及不同的地区卫星信号的状况差别很大,有时甚至不能接收到正常的GPS信号;另外,当车辆行驶在隧道内、高层建筑附近及林荫道上时,也不能正常接收到卫星信号,从而无法定位。因此,尽管GPS定位系统的定位精度比早期的航位推算系统的精度提高了一步,实用性得到了极大提高,但GPS定位系统仍存在着定位精度有时较低、可靠性不高的问题。车辆跟踪定位系统,需要综合应用GPS、GIS等技术,同时,通信是该系统的必要部分,直接影响系统的功能和性能,而目前全国大范围覆盖的GSM网络为该系统的通信部分提供了有力的通信支撑。因此,GSM成了大部分中、小型车辆跟踪定位系统的无线通信的必然选择。

二、建 设 目 标

建立GPS公共车辆跟踪调度系统的目的,是利用GPS和互联网技术,建立公共客运智能管理系统,以便对城市公交和出租汽车进行有效的监管调度管理。在所有公交、出租汽车上安装GPS终端,在客运管理处配置一级监控中心,对城市客运车辆进行监控;在各公交、出租汽车公司配置二级监控中心,对企业内部车辆进行监控。

(1)实现车辆智能化管理与调度。实时“可视化”跟踪监控所有在线运营的车辆,提供智能化的调度策略,充分合理调度运力资源。

(2)实现安全管理。提供报警、求助、救援、单向监听、双向通话等功能,使报警中心/调度中心在第一时间掌握车辆和驾乘人员状况,以便及时采取措施。

(3)实现稽查管理。提供车辆、人员信息的无线查询,可以为系统里的任何一辆车辆提供某历史时段运行数据的查询和回放,为稽查提供依据。

（4）系统接口开放，兼容性好，可扩展，可连接计价器上传运营数据，并可与 IC 卡设备连接；还可以扩展支持基于 TCP/IP 的各种无线通信协议和华强、大三通等各品牌车载设备的接入；系统功能和容量可升级与扩充。

（5）提高服务质量、增加利润增长点。实现成本中心到运营中心的转变，提高服务水平，面向更多企业，开展新的增值服务，实现个性化的服务。

三、系统设计原则

（1）先进性原则。数据库、开发运行平台均应采用高性能、高可靠性、高兼容性、高开放性的技术。系统所选用的硬件应选择高质量设备，并有充分的冗余。系统所选择的软件平台应为相关领域的卓越应用平台，这同时也为系统的稳定、长期使用保障及相关升级服务提供了基础。

（2）可靠性原则。系统的运行应具有极高的可靠性，并具有良好的容错性能。

（3）开放性原则。系统中选用的软件都应尽量遵循业界相关标准，采用支持开放的标准接口，使整个系统成为一个统一的整体。

（4）易用性原则。系统操作界面应操作简洁、方便。如对用户的呼叫联系可在计算机上一键直呼等。

（5）易维护性原则。系统应易于维护，并能提供相应的测试、调试软件。

（6）可扩展性原则。系统应采用积木式架构和分布式管理的结构设计，以保障系统的稳定性和方便的可扩充性。系统采用的所有硬件、软件也考虑了必要的容量上的可扩展性。

学习情境二　GPS 公共车辆跟踪调度系统方案设计

一、可行性分析

改革开放以来，随着我国国民经济的迅速发展，人们在生活水平不断提高的同时，出行的次数相对以往更加频繁。当前人们同城出行的代步交通工具有很多，其中公共交通工具作为动态占地面积最小的一种交通工具，在经济性、交通资源利用率、改善城市交通环境上，比其他的交通工具拥有很大的优势。很多国家都在大力提倡和扶持公共交通系统。由于各方面的原因，我国公共交通系统的现状不容乐观，仍然存在着一些问题。

大多数城市的道路交通紧张状况日趋严重，道路拥塞情况十分严重。虽然相关部门不断建设更多道路，拓宽现有道路，但是效果并不理想。所以道路交通紧张的原因不仅仅是道路建设得不够多，而且道路自身的利用率也不高。乘公共交通工具出行的市民人数在逐年地下降，相反私家车逐年地增加，造成了道路的增长远远落后于机动车数量的增长，交通紧张的状况越来越严重。

我国公共交通当前还是以常规地面公共汽车交通为主。在公共汽车（亦称公交车辆，公交车）的运营调度方面，目前我国大部分城市公交采取的仍然是人工经验型的调度方法。调度员无法实时获取公交站点候车乘客以及公交车内乘客的数量，只能按照发车时刻表进行调度。在节假日等特殊时期，调度员只能依赖经验、直觉进行调度。这种调度方法的动态性能和实时性能较差，调度滞后性很大，由此造成许多资源的浪费，或者致使乘客长时间滞留在某站点。在乘客服务方面，目前我国不少城市的公交车都安装了诸如自动报站器、车载电视、IC 卡刷卡收费器等先进的高科技设备，公交车的服务水平较以往有大幅提高。但是由于缺乏系统科学的规划，各种车载设备相互间缺乏通信，造成了信息流通不畅；同时因为缺乏现场的监督与管理，驾驶员越站不停车、超车、超速行驶、急停急开等不良现象也时有发生，公交车的服务质量大打折扣。在私家车的数量不断增加的前提下，如果公共交通的运营调度效率、乘客服务质量没有提高，就会导致乘坐公交车的市民越来越少，直接给公交企业的运营带来亏损，公交服务质量也会因此而不断恶化，从而形成了恶性循环。

二、设 计 思 路

GPS 公共车辆跟踪调度系统应包括通信系统、调度管理系统、GIS 系统、WEB 服务系统及管理调度呼叫中心五大功能系统。

1. 通信系统

通信系统包含 GPRS/GSM 实时通信模块、车载终端远程管理模块、车载终端软件无线升级模块，通信服务器负载均衡模块、智能调度模块等。

2. 调度管理系统

调度管理系统由下列几组模块组成。

智能调度模块：调度专用电。

业务调度模块：实现调度业务输入、班长管理，接线员管理模块，驾驶员管理模块，调度班长监管模块，乘客数据管理模块等。

子地图系统：提供智能调度策略，提高调度效率。

业务监控管理模块：车辆管理模块，日志管理模块，报表模块，实现业务人工干预，各公交、出租汽车公司业务管理等功能。

车辆事后稽查管理模块：失物查找、投诉调查、实现轨迹回放、模糊查询等功能。

3. GIS 系统

GIS 系统包括数字地图引擎、车辆位置信息显示、地标维护及显示、轨迹显示及回放、安防报警、车辆定位及身份认定、数据统计等。

4. WEB 服务系统

WEB 服务系统把车辆地理信息在互联网上发布，供有权限的用户使用及各出租汽车公司监控本单位车辆。其包括车辆地理信息显示、车辆资料查询、车辆身份识别等。

5. 管理调度呼叫中心

管理调度呼叫中心采用 15 个电招服务座席及基于 IP 的一体化呼叫中心方案，其主要特点是通信采用 IP 方式，可以灵活设置远程座席。具有交换功能、自动话务分配、会议电话功能、自动话务台、排队功能、三方通话、通话转移、VoIP 功能、基于 Web 的呼叫中心、班长席及座席管理、通话录音等。

学习情境三　GPS 公共车辆跟踪调度系统设计方案关键技术

基于 GPRS/GSM 无线通信网的 GPS 车辆跟踪调度系统，主要由 GPS 全球定位系统、GSM/GPRS 移动通信系统、数据传输网络、车辆数据服务平台、GIS 地理信息处理子系统、车辆监控子系统、主监控中心、Web 服务平台及网上查车终端等部分组成。其结构如图 3-1 所示。

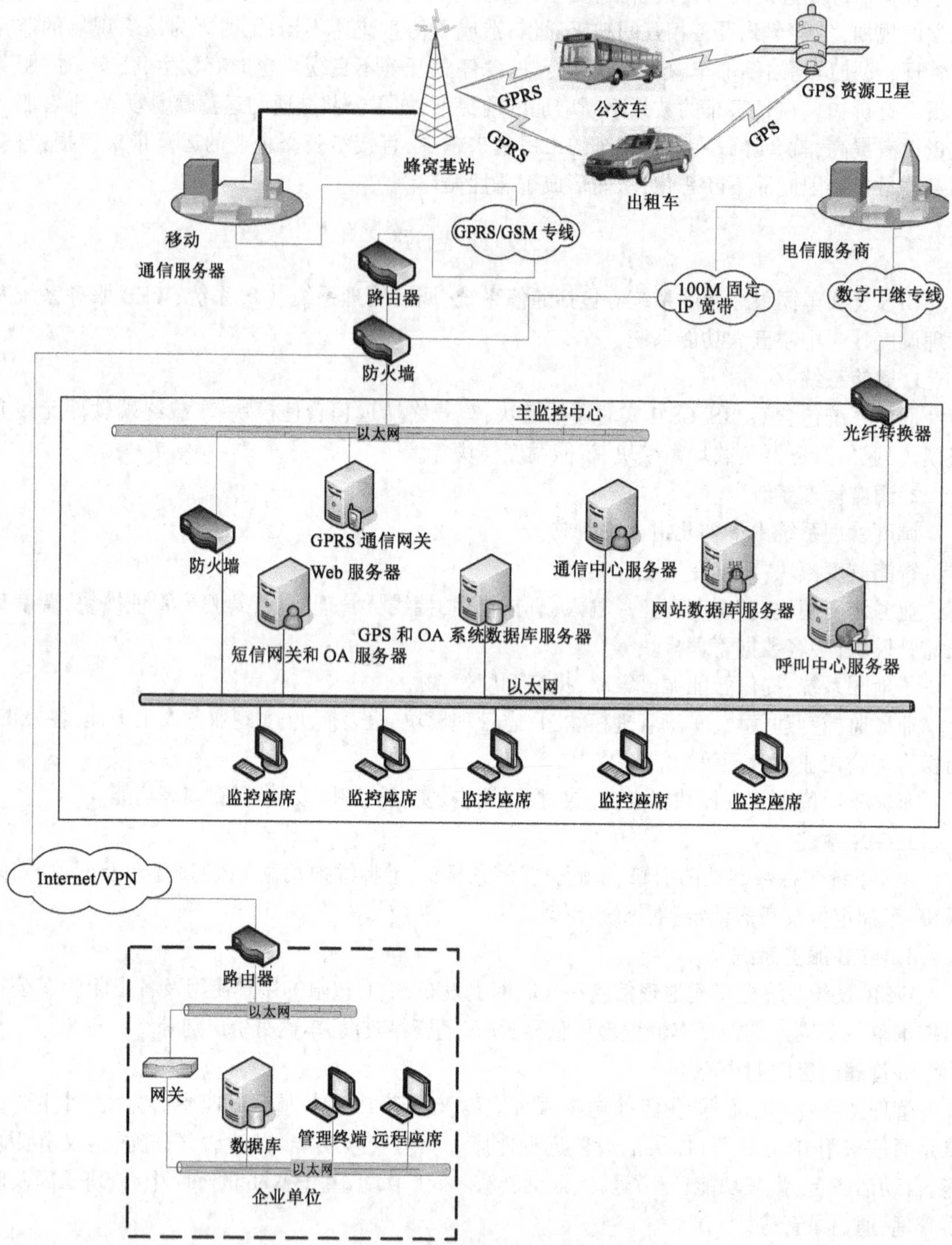

图 3-1　跟踪调度系统结构图

一、GPS 车辆跟踪调度系统各组成部分说明

1. GPS 全球定位系统

GPS 系统是用于车辆位置定位的手段。目前，一般所采用的 GPS 系统是美国 1993 年建成的向全球用户开放使用的全球定位卫星系统。该系统具有全球任何地点、任何时间、全天

候、高精度定位及授时的特点，目前已成为世界上应用范围最广、实用性最强的精密授时、测距、导航及定位系统。

GPS 系统包括空间部分、地面监控部分及接收机部分。空间部分及地面监控部分是公共资源，已于 1993 年由美国建成并向民用开放。GPS 车辆跟踪调度系统的车载设备一般采用多功能 GPS 接收机。该设备接收来自 GPS 卫星的信号，经数据处理，获得车辆的实时经度、纬度、调度、速度、方向等位置数据。获得的数据可以通过通信模块向监控中心发送。

2. GSM/GPRS 移动通信系统

通信系统是车载设备与车辆数据服务平台之间的双向数据交换平台。车辆数据服务平台通过 GSM/GPRS 移动通信平台获得车辆的位置数据及状态信息；用户监管中心通过车辆数据服务平台和 GSM/GPRS 移动通信平台下达数据或以话音方式控制、调度指挥指令。

GPS 车辆管理系统具有兼容多种通信平台的能力，也可以使用电信部门已建或在建的 GSM、GPRS、CDMA、CDPD、集群等无线数据通信系统。

3. 数据传输网络

数据传输网络是车辆数据服务平台至通信平台交换中心、用户监管中心至车辆数据服务平台之间的数据交换传输网络，可采用 PSTN、ISDN、ADSL、DDN、Internet、卫星等各种有线和无线数据传输线路。

4. GIS 地理信息处理子系统

该系统是为了获取、储存、显示、查询定位数据而建立的空间属性数据管理系统。通过管理系统的处理将定位数据直观、形象地在电子地图上以图形或表格形式显示出来。

该系统的电子地图采用适量方式，对任意指定区域的车辆进行查询，可以分层显示地理信息，可以无级放大、缩小、平滑移动，还能以鹰眼、比例尺显示、测距、地物等方式进行查询，还可以进行同屏多窗口显示、一机多屏显示，可以锁定目标自动居中，进行自动跟踪。

5. 主监控中心

主监控中心是整个监控系统的核心部分，提供了与 GSM/GPRS 通信服务商的接口，处理所有 GPS 及监控数据，并将相关数据信息（位置、报警、记录等）进行存储、分发到各级分中心。

主中心主要由核心平台、Web 服务平台组成。硬件设备上，主要由数据库服务器及备份设备、Web 服务器、OA 服务器、呼叫中心服务器、监控座席、数据管理座席（数据中心）及通信服务器（通信网关、通信中心）及网络（如防火墙、交换机）等设备组成。

6. 分监控中心

分监控中心只需架设远程座席若干台，对企业所属车辆进行独立监控管理。由主中心系统管理员设置相关权鉴、权限。

7. Web 服务平台及网上查车终端

网上车辆监控系统是运行在 Internet 网上的 GPS 调度系统，架设在主监控中心，主要由 Web 服务器、数据库服务器及通信控制机组成。各相关企业的调度员可以通过 Internet 对车辆进行网上调度；值班领导或者有权限的领导都可以在互联网上观察调度情况。也就是说，在任何地点、任何时间，只要有一个上网的电脑，有权限的用户都可以通过电脑中的网页浏览器登录进入监控系统，观察监控调度情况。

二、GPS 车辆监控调度系统原理

GPS 车辆监控调度系统是基于技术先进、成熟的 GPS 全球卫星定位技术、GIS 地理信息处理技术、GSM/GPRS 全球移动通信技术，结合了当今广泛应用的计算机网络通信与数据处理技术，针对客户的特有功能需求而进行模块化开发的综合防范、远程实时安全监控、实时调度的系统。

该系统通过 GPS、GPRS/GSM、GIS 及计算机技术，实现车辆的远程控制、数据自动化处理，能为企业管理提供决策依据，提高管理水平。

三、控制中心系统原理

1. 中心数据流程

如图 3-2 所示，GPS 车辆跟踪系统的工作流程是：车载终端（车台）自动或在接收遥控器或汉显设备的输入指令后，向通信网关上报 GPS 数据信息。通信网关接收车台上报信息，将信息解码后传送到通信中心。通信中心将 GPS 数据加密存入数据库、调度指派信息给座席。座席的监控及调度指令通过通信中心传送到通信网关，然后由通信网关下发到车台。管理工作站直接与 GPS 数据库交互，管理系统数据信息。

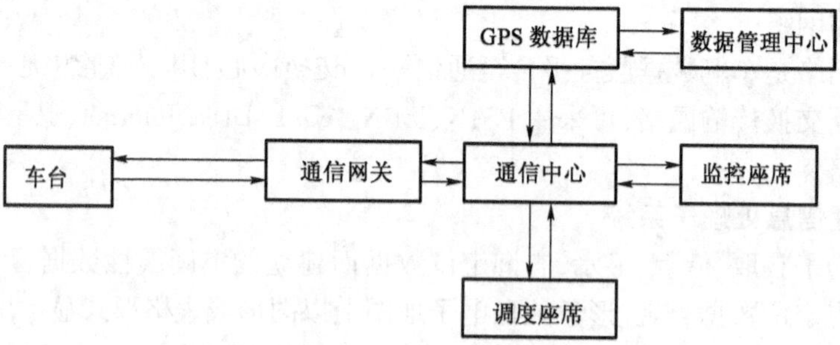

图 3-2 中心数据流程图

2. 通信网关

通信网关是 GPS 车辆跟踪系统对外通信的接口。通信网关根据通信模式的不同而不同。不同通信模式通信网关可以共同运行在一个中心。

系统通信网关为移动（GPRS）通信网关和 GSM 通信网关，移动通信 GSM 网关完成和中国移动的短消息接、发功能；GPRS 通信网关完成和中国移动的 GPRS 网关的连接，实现该通路的信息接、发功能；不同的通信网关针对其中一个通信模式进行设计。通信网关还完成和通信中心通信的功能。

3. 通信中心

通信中心是数据指挥中枢。其协调不同的服务座席、不同的分中心、不同的通信网关和呼叫中心共同工作；支持多个通信网关、多个服务座席、多个分中心，主要完成信息加密数据入库、调度指派信息给座席和通信网关数据交换的功能。此外，通信中心还负责过滤传给调度座席的警情。

4. GPS 数据库

GPS 数据库是整个 GPS 车辆跟踪系统的资料中心、数据交换中心，主要存储车辆位置数据、客户入网资料、系统管理、行驶里程、运营收入、空载率和安全事故等具体数据，并能对这些数据进行统计和分析。通信中心通过存取 GPS 数据库更新 GPS 信息，自动获取 GPS 指令并下发到车台。

5. 监控座席

监控座席对车辆目标提供可视化监控服务平台，软件界面美观、实用，操作方便，功能强大,可发送和接收车辆监控指令和定位信息,还支持电招服务和运营数据分析。

6. 数据管理中心

数据管理中心集中管理客户数据,既是一个数据管理中心,也是一个系统管理中心。

四、系 统 功 能

这部分内容主要分析 GPS 车辆监控系统为用户提供的主要功能。

1. 车辆位置监控

1)车辆定位

车辆查询方式包括下列内容:

(1)在地图窗口上给定圆形、矩形等查询条件,查询给定区域内(或区域外)的车辆信息。

(2)通过输入车辆信息(如车牌号、车载电话号码、自编号、用户名等),自动定位车辆当前位置。

车辆当前位置信息包括车辆速度、方向、经度、纬度、定位状态、车辆状态等信息。通过这些信息并结合地图应用,用户可以清楚地判断出车辆的实际情况。比如通过车辆速度判断车辆是否在行驶;通过车辆状态判断车辆的状态情况等。跟踪和定时上报功能以此功能为实现基础。GPS 信息内容见表 3-1。

GPS 信 息 内 容 表 3-1

编 号	内 容	显 示 状 态
1	车牌号	车辆的车牌资料
2	呼号	车辆安装的车载电话号码
3	车辆状态	包括车辆起动或熄火、空载或重载、运营数据(营业金额、营业里程、行驶总时间、起始时间、结束时间、上车经纬度、下车经纬度等)
4	定位状态	已定位、正在定位、不定位
5	方向	车辆行驶的方向值
6	经度	车辆当前的经度
7	纬度	车辆当前的纬度
8	接收时间	中心接收车辆定位信息的时间
9	定位时间	车辆定位的当前时间

图 3-3 为赛格导航运营平台车辆查询结果示例。

2)实时跟踪

设定车载终端在规定的时间间隔(可以为 1s 到 24h 范围)上报一定次数(可以为 1 次至无数次)GPS 信息。在用户需要对车辆实际运行轨迹进行察看时,该功能能够免除每次手动发送 GPS 定位命令。

实时跟踪时,车辆的实时位置可在地图上显示。

3)定时跟踪

该功能与实时跟踪区别之处在于,车辆熄火之后不会再上报定位信息,直至每次车辆起动才会按照设置的时间间隔上报定位信息;可设定车载终端在规定的时间间隔(可以为 1s 到 24h 范围)上报 GPS 信息。

4)限制行驶区域

GPS 车辆跟踪系统能够限制车辆行驶范围,监视其是否超出范围运营,还可以在中心软件上对车辆行驶区域进行设置(可为矩形或多边形)。当车辆越过设定的区域边界时,在调度座席上自动显示报警信息,由操作员进行处理。

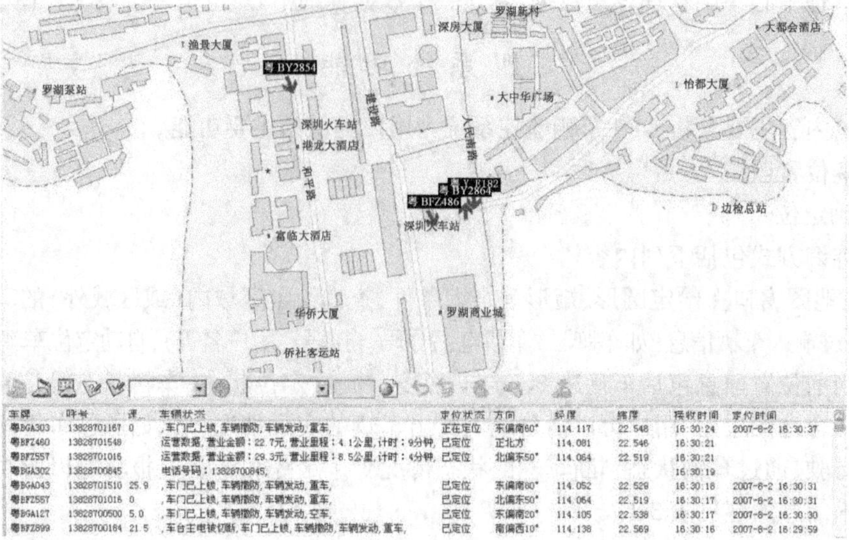

图 3-3　赛格导航运营平台车辆查询结果示例图

2. 出租车电招调度管理

1)约车电话接入

GPS 车辆跟踪系统能够自动接入市民打入的电话,并在座席上显示来电号码。在繁忙、无人接听等情况下,能够进行自动语音提示。

2)电招信息记录

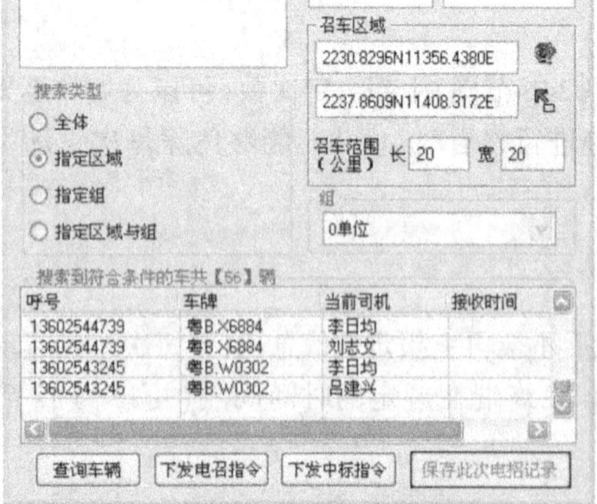

图 3-4　电招信息记录图

通话后,能够对于市民的约车地点、服务要求等内容进行记录并保存,并对通话内容进行录音,以便统计和核查。电招信息记录如图 3-4 所示。

3)车辆自动调度

根据约车地点,操作员能够在调度座席上输入地点,自动搜索(或手工搜索)出该地点周围一定范围内的空驶车辆,然后由操作员向这部分车辆发送约车信息(显示在汉显终端上)。驾驶员收到信息后,进行抢标;抢标成功的驾驶员将收到操作员发送过来的客户电话,确认后该出租汽车前往约车地点。车辆自动调度如图 3-5 所示。

4)空驶车辆搜索

调度员可搜索某一指定范围的空驶车辆,然后通过跟踪系统可自动发送指令获取区域内车辆的位置信息,以便调度。

5)叫车信息的输入和发送入口

调度员可在页面中输入叫车信息,并根据空驶车辆搜索结果发送叫车信息到特定车辆,进行及时调度。

6)路径管理

跟踪系统通过显示车辆在地图上的实时位置和路况信息,为驾驶员提供偏僻地区方位寻找和最佳路径通行服务。

7)失物查找

当乘客将物品丢失在出租汽车上时,可致电监控中心进行失物查找,只要提供上下车的地点和时间就可查询;通过查询数据库,符合查询条件的车辆会显示出来。如图3-6所示。

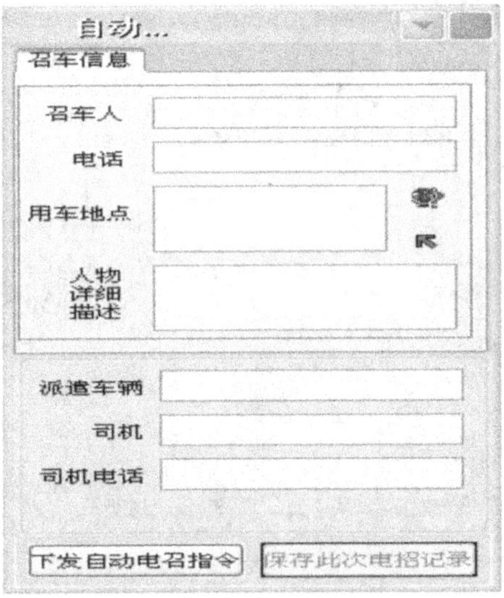

图3-5　车辆自动调度示意图

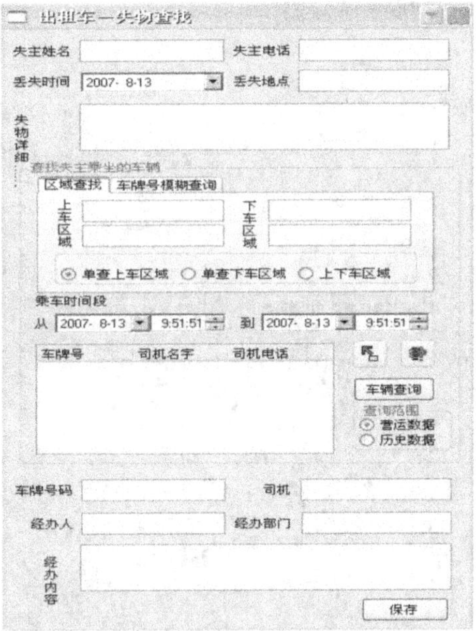

图3-6　失物查找示意图

8)报文广播

监控中心可通过短信平台对全部车辆、指定区域、指定公司、指定区域和公司等条件进行分类发送广播信息。可发布内部或路况和天气等信息,如图3-7所示。

9)投诉处理

监控中心可记录乘客对出租汽车驾驶员的投诉,处理部门对相应的投诉进行处理,并可对投诉的内容进行统计分析,如图3-8所示。

3. 车辆安全监控

1)遥控制动

车载终端通过与车辆内部电路的接口,可以实现在监控中心下发制动指令时,对车辆进行断油断电操作。

本功能在车辆发生紧急情况时使用。

2)限制行驶速度

由用户指定超速限制,如设定车辆速度在超过60km/h时报警。在用户通过调度中心座席发送超速报警功能后,车载终端将会时刻检测车辆运行速度。一旦车辆超过指定运行速度,车载终端将会上报GPS信息,其状态中会有“车辆超速”,车载的汉显终端会提示超速,监控中心人员可以实时和驾驶员交流。这样可以很好地管制车辆运行速度,大大提高车辆和驾驶员的安全性。

3)盗劫警处理

当发生抢劫、盗车等报警时,报警通告会显示在服务座席的警情列表栏中。处理警情时,系统采用抢警方式,分两级处理警情(预处警及处警)。在判断是真实警情时,操作员可以跟踪、遥控车辆,同时与110报警服务联动,保障驾驶员及车辆的安全。

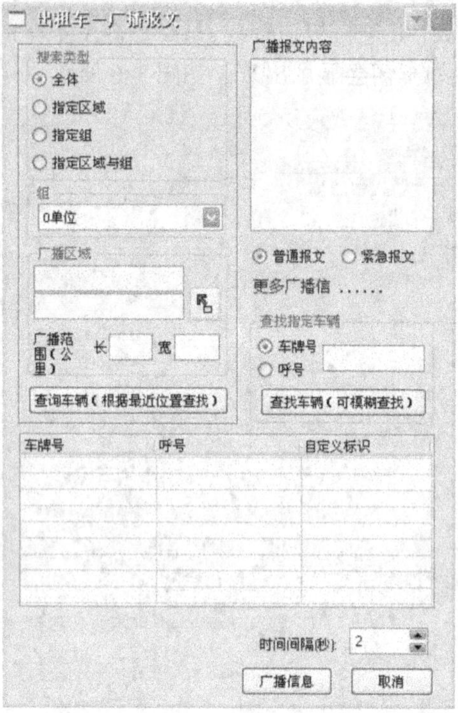

图3-7　广播报文示意图

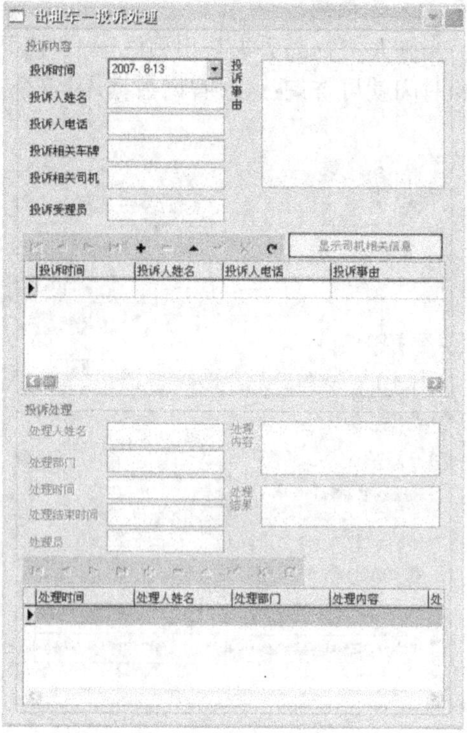

图3-8　投诉处理示意图

4)监听

在车辆发生紧急情况时能够主动地监听车辆内声响。操作人员判断车辆发生紧急情况时,可对发生情况的车辆下发监听指令。车载终端收到指令后,自动拨打中心电话。中心摘机即可对其监听。

4. 运营管理

1)历史轨迹回放

用户选定一时间段(可以为当前开始时间,也可以为过去一段时间),在GIS电子地图上显示某车辆的行驶轨迹。可以通过过程播放显示行驶过程,也可以静态连线显示路线状况。

本功能用于当发现驾驶员有绕路、拒载等情况时,调出驾驶员的历史数据并在地图上回放,可以判断事件责任所在。

2)黑匣子记录

当车辆在行驶状态下,车台会自动按照固定的间隔时间储存行驶状态,包括经纬度、时间、速度、方向和车辆状态等信息。监控中心可通过GPRS下发指令,上传黑匣子资料并进行分析。

3)运营数据校对

系统可以对实时上传的运营数据进行分析,以发现驾驶员不打表、多收费及确认乘客投诉的真实性。

4）里程统计

系统可通过车载终端自动累计里程数据。当座席调度员需要统计某一辆车的行驶里程时，可以在座席上指定该车辆，并选择“里程统计”功能，系统将在新窗口中显示该车的任务号、开始时间、统计终止时间、已行驶里程千米数信息。

用户还可以对车队的所有车辆进行统计，并生成报表打印。

里程的统计数据，可以用于运营效率分析及驾驶员绩效考核。

5）运营数据分析

通过车载终端从计价器中获取运营数据和IC卡费用（连接IC卡计费设备）数据，与GPS定位数据一起发送到监控中心数据库（也可通过手工下载），监控中心系统可以对车辆运营情况进行统计分析，得出每班次、每日、每月等周期的运营情况，实现对出租车运营的高效管理。在发生客户投诉时，也可以通过以上数据对事件经过进行分析，如图3-9所示。运营数据查询见图3-10。

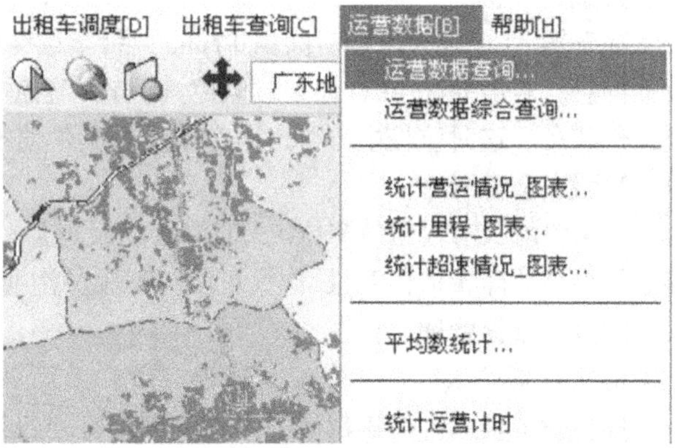

图3-9　运营数据分析示意图

5. 信息采集和处理

1）自动采集路段平均车速

车牌号码	营运金额(元)	营运里程(公里)	计时时间(分钟)	空驶里程(公里)	许可证号码	营业起始时间	营业结束时间	营运结束单价(元)	采集时间
粤X6984	14.3	2.8	2.6	2.2	00076065	2007-8-13 10:42:16	2007-8-13 10:50:56	2.4	2007-8-13 10:46:30
粤X6984	12.5	1.8	1.3	.9	00076065	2007-8-13 10:55:16	2007-8-13 11:00:16	2.4	2007-8-13 10:55:51
粤X6984	12.5	1.8	1.3	.9	00076065	2007-8-13 10:55:16	2007-8-13 11:00:16	2.4	2007-8-13 10:55:52
粤X6992	14.9	1.8	5.9	0	00048150	2007-8-13 10:23:59	2007-8-13 10:33:09	2.4	2007-8-13 10:33:24
粤X6992	14.9	1.8	5.9	0	00048150	2007-8-13 10:23:59	2007-8-13 10:33:09	2.4	2007-8-13 10:33:24
粤X6992	19.1	5.5	.6	.7	00048150	2007-8-13 10:37:01	2007-8-13 10:48:55	2.4	2007-8-13 10:49:11
粤X6992	19.1	5.5	.6	.7	00048150	2007-8-13 10:37:01	2007-8-13 10:48:55	2.4	2007-8-13 10:49:12
粤X6992	12.5	1.1	1.6	.3	00048150	2007-8-13 10:50:44	2007-8-13 10:55:45	2.4	2007-8-13 10:56:00
粤X6992	12.5	1.1	1.6	.3	00048150	2007-8-13 10:50:44	2007-8-13 10:55:45	2.4	2007-8-13 10:56:02
粤X7128	29.9	9.5	1.7	3.7	00077083	2007-8-13 10:44:55	2007-8-13 10:58:54	2.4	2007-8-13 10:55:05

图3-10　运营数据查询界面

中心系统可根据车辆上报的定位信息进行分析，通过选择地图上的路段，计算出当前时间该路段的平均车速。

2）自动采集客流信息

通过智能调度系统的客流量检测仪统计的实时客流信息，智能调度系统会将自动采集到各时段各站点的客流量数据，作为制订行车作业计划的参考标准。

3）实时计算与叫车地点的实际距离或抵达时间

系统通过接收GPS信号，可以准确实时定位车辆的当前位置，根据最佳路径算法得到的最佳路径，引导出租车抵达目的地。

4）采集车辆随机发上来的路况信息

车载设备具有发送信息功能，可根据当前的路况发送信息到智能调度中心，中心监控人员根据信息内容整理当前的路况内容。

5)实时广播至所有的或相关区域内的车辆

智能调度中心或企业的远程座席都可以群发信息到车载设备,并可选择全部车辆、部分车辆或指定区域的车辆进行信息发送。

6)开展广告、短信等信息增值服务

智能调度中心可通过短信平台对车载设备或客户手机进行短信广告业务等增值服务。

6. 车载终端管理

1)远程唤醒

在车辆ACC熄火一定时间(如1min)后,车载终端自动进入休眠状态,不向监控中心上报位置信息。若需要在ACC熄火时监控其位置,监控中心可以向其下发唤醒指令,车载终端恢复工作状态。这时监控中心可以对车载进行其他监控操作。

2)设备故障处理

车载终端具有设备故障(GPS定位故障及电源故障)的自动报警功能。监控中心系统能够显示设备故障警情信息,操作员可以与驾驶员沟通(如文字调度),及时进行处理。

7. 基本数据管理

1)用户管理

用户指申请入网的单位或者个人。用户管理包括新增用户、删除用户、用户属性修改、用户资料报表,并提供内容输出表格和打印功能。

2)车载终端管理

车载终端管理包括以下内容:

(1)服务注册。车载终端在中心注册身份后,可以得到该中心的服务。

(2)暂停服务。当出现某用户车辆因其他原因,需要暂停服务时,可以在此用户的车载终端的属性中作一暂停标记,此时对应身份号有关上下传消息都会中断。也可以暂停该车台的某些功能,但不停该用户的报警功能。

(3)恢复服务。某车载单元停机原因消除后,可对该车载终端恢复服务。

(4)服务注销。某车载终端因故不再提供服务时,可注销对应的注册。为了方便以后查询,该身份号的历史记录将保留。此后该身份号上的上下传的信息将被认为是非法的。

(5)属性查询修改。车载属性包括GSM号码、身份号、类型、设备设置、设备号、所属用户、是否停机、是否注销等。有权限的操作员可修改车载单元的各种属性。

(6)属性报表。可打印某个车载终端属性或者一组车载终端属性的报表。可按日、按月、按类型输出车载终端新注册报表。

3)座席管理

座席管理包括以下内容:

(1)座席注册。得到申请座席注册的申请后,经确认,注册座席,此时座席可以进行GPS监控服务。

(2)暂停座席。如某个座席因故不能提供服务,可以暂停使用该座席。

(3)座席恢复。暂停的座席可以恢复提供服务。

(4)注销座席。如某个座席因故不再提供服务,可以注销该座席。

(5)座席属性修改。座席的属性包括座席服务号、注册口令、座席类型、是否暂停、是否注销。有权限的系统管理员可修改座席的各种属性。

(6)座席查询。可查询某个座席的信息。

(7)座席报表。可打印当前的工作站的报表。

4)操作员管理

操作员管理包括以下内容:

(1)操作员注册。可由系统管理员为一个操作员在系统注册。

(2)操作员注销。某操作员因故离开后,可由系统管理员注销该操作员。当然不是从数据库中删除,而是转移该操作员到其他表中,以备以后查询。

(3)操作员属性修改。操作员属性包括操作员的用户名、密码、拥有的权限等。系统管理员可为操作员分配权限,清除密码。

5)驾驶员管理

驾驶员是指定获得GPS服务的驾驶员。可用驾驶执照号码或代码等作为唯一标识。驾驶员管理包括驾驶员注册、驾驶员注销、驾驶员属性修改、驾驶员查询和驾驶员报表功能。

驾驶员属性包括所属单位、姓名、性别、驾驶员执照号码、身份证、住址、电话等,甚至可以录入照片等。有权限的操作员可以修改驾驶员的属性。

6)车辆管理

车辆是指配备GPS车载终端、可获得GPS服务的车辆,可用车牌号或SIM卡号作唯一标识。车辆管理包括车辆注册、车辆注销、车辆属性修改、车辆查询、车辆报表、出勤情况报表等功能。

车辆属性包括车牌号、车辆型号、颜色、使用单位、驾驶员、投入使用日期、购买日期、生产日期、维修保养记录、是否有保险及保险类型、保险公司、照片等。有权限的操作员可修改车辆属性。

五、公交车管理调度系统

1. 公交系统结构图

公交系统结构图见图3-11。

2. 系统主要功能

1)分段限速

分段限速的目的:对车辆在不同路段分段限速,尽量减免交通事故的发生。

实现分段限速的方法:根据不同的道路等级和车型,设置不同的限速数据,对运营线路实施分段限速。如车辆超速(该路段),则在终端和监控中心以语音提示,并对超速车辆和地段信息进行自动记录保存。

车辆限速界面如图3-12所示。

2)实时监控

实时监控的目的:实时掌握车辆的地理位置、速度、方向、状况信息等,以便调度指挥车辆。

实现实时监控的方法:监控中心可实时掌握全部车辆目前的位置和基本状态信息。位置信息包含地理位置,行驶状态信息包括时间、速度、方向、设备故障信息等。车载终端按照定时方式连续上报车辆的实时位置,实现对于在途车辆的连续实时监控功能。

对于所查询车辆的选择可以按个别、部分(分组)或全部车辆进行,选中车辆的实时位置信息和行驶数据信息并向监控中心报告。将信息定时回传的界面如图3-13所示。

3)语音、图像监控

语音、图像监控的目的:通过语音、图像采集设施掌握车内情况,以便对车内情况作出最快速、最有效的决策。

实现语音、图像监控的方法：在车内装置语音、图像采集设施，然后通过车载终端传到监控中心。在一些特殊情况发生后（比如求助、遇劫），可由车载终端主动向监控中心求助，使得监控中心可以通过实时的语音、图像观察车内情况，作出特殊状况的应急处理方案。

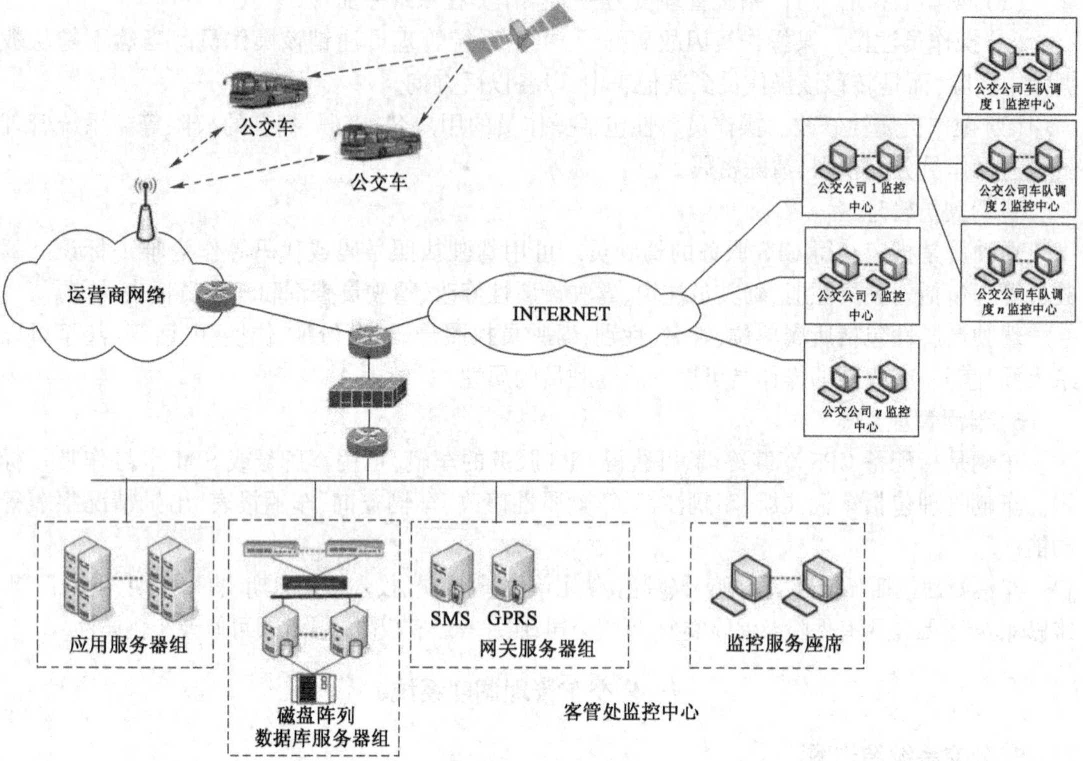

图 3-11 公交系统结构图

图 3-12 车辆限速界面

4)断油/断电

断油/断电的目的:加强车辆的安防措施。

图 3-13 定时回传界面

实现断油/断电的方法:对于配备断油、电装置的车辆,管理中心在确认警情发生或其他特殊情况下,可以向车载终端发送断油、电指令,车载终端在接收到指令后将执行断油,断电的动作,及时阻止车辆的被劫和被盗。

5)车载电话

配备车载电话的目的:方便调度人员与驾驶员及时进行通话交流。

实现车载电话的使用功能:车载终端配备通话手柄和免提通话装置,使用者可以通过手动拨号和接听方式使用电话功能,亦可通过免提方式对来电自动接听,免提通话方式为驾驶人员在驾驶过程中通话提供便利。集群系统内的人员通话可以免费进行,节约通信开销。

6)文字信息传送和交换

文字信息传送和交换的目的:方便调度人员对驾驶员群发文字信息(如通知)。

实现文字信息传送和交换的方法:车载终端配合外接的中文液晶显示屏可与管理中心之间实现车辆调度、文字信息收发等功能。

7)行车计划编排与审核

行车计划编排与审核的目的:让车辆的行驶安排更科学、智能、合理。

实现行车计划编排与审核的方法:行车计划编排以模板的形式自动生成,模板以星期(7d)为周期建立,模板以每天、每条运行线路、每个时间段设定发车密度,同时还附加一些外界条件的约束(如天气情况,下雨天可以适当减少发车的密度);同时还可以为一些特别日子(如国庆)指定特定的模板。行车计划编排经过审核后,驾驶员就可以查到最近的发车时间表。

8)GPS 智能调度

GPS 智能调度的目的:智能提醒驾驶员按时发车。

实现 GPS 智能调度的方法:调度系统将行车计划当天的发车时间表和第二天的发车时间

表发到站台调度屏，同时在当天收班前将第二天的发车时间表发往车载终端和驾驶员手机上。在每趟车发车时提前（如提前10min，提前时间可设定）将发车时间发到车载终端和驾驶员手机上，如有特殊情况调度人员可以记录原因，并调整发车时间。

车辆的运行调度维护界面见图3-14。

图3-14　车辆运行调度维护界面

9）站场管理

站场管理的目的：监督车辆归库情况，减少车辆的意外事故。

实现站场管理的方法：查询公交车辆驶回指定车库的情况，当车辆没有驶回车库，则显示车辆最后的定位位置。收班后自动统计公交车辆驶回车库的情况，并将统计结果保存备查。

10）站点管理

站点管理的目的：监督车辆到站必停、即停即走，减少车辆丢站、赖站情况。

实现站点管理的方法：每个站点都设有特定的停车时间，当车辆在站点停车时间超出特定的时间，将认为赖站；如果到站不停则认为丢站。监控中心以特定的声音报警提示，并自动将车辆所在站点、进出站点的时间以及停留时间等数据保存，以便日后备查。

11）进出区域报警

进出区域报警的目的：便于对特定区域的监控、调度（如区域限速）。

实现进出区域报警的方法：在车辆行驶过程中，当车辆经过特定的区域（如区域限速），监控中心以特定的声音报警提示，并自动将车辆所在的区域、进入和离开此区域的时间等数据保存，以便日后备查。

进出区域报警的区域绑定界面见图3-15。

12）越线报警

越线报警的目的：防止驾驶员改变运行线路行驶。

实现越线报警的方法：在车辆行驶过程中，当车辆脱离正常的运行线路行驶时，监控中心以特定的声音报警提示，并自动将车辆脱离线路的时间、位置（经、纬度）等数据保存，以便日后备查。

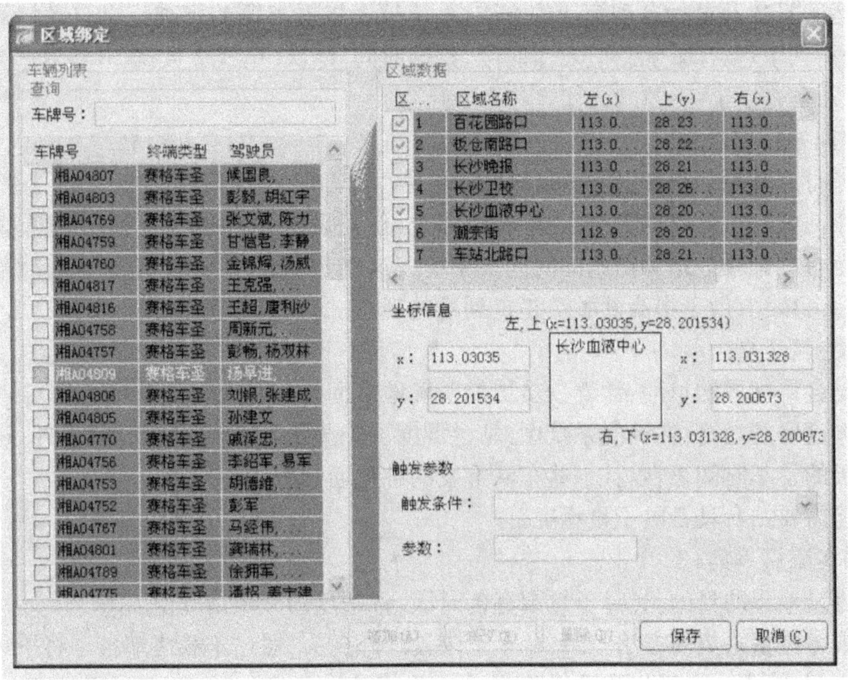

图 3-15　区域绑定界面

13）虚拟直线图

绘制虚拟直线图的目的：明了、直观地查看在运行线路上行驶的车辆。

实现绘制虚拟直线图的方法：公交运行线路除以电子地图形式表示外，还提供虚拟直线图的形式显示。虚拟直线图是按电子地图的比例生成，可以很明了地查看运行线路上行驶车辆的密度，很方便地任意测量行驶中车与车之间的距离。

14）文音转换

文音转换的目的：解决驾驶员在行驶过程中查看文字信息的安全隐患。

实现文音转换的方法：当车辆行驶过程中，车载终端可以自动将文字信息转换为语音播报，提醒驾驶员安全驾驶（如车辆超速提示、同向距离太近提示等）。

15）自动语音报站

自动语音报站的目的：减少驾驶员漏报、不报站的情况。

实现自动语音报站的方法：车辆在行驶过程中，当车辆到达站点时，车载终端自动语音报站，如果报站不正确，驾驶员可以自行修改。由于 GPS 具有定位功能，相对于传统的语音报站，更加准确、方便，无需人工干预。

16）电子站牌

设置电子站牌的目的：让乘客了解将要经过该站点的车次信息。

电子站牌的功能：在运行路线上相应的公交站点建立电子站牌，监控中心自动将在 30min 内（到站时间可设定）到达站点的时间发往电子站牌，并相隔 5min（间隔时间可设定）自动更新，让乘客知道最近将有几趟车经过这个站点，大大方便乘客出行。

该功能的实现需要与电子站牌硬件设施配套。

17)运营班次及里程自动统计

运营班次及里程自动统计的目的:便于企业管理车辆的实际行驶趟次和里程数。

实现运营班次及里程自动统计的方法:系统每天根据车辆的行驶记录自动计算出行驶的路线和里程,其中包含路线名称、发车时间、到站时间、趟次、里程等数据,并将这些数据自动保存,方便日后备查。

18)中间站打点计时

中间站打点计时的目的:让车辆按时行驶,避免车辆追抢现象的发生。

实现中间站打点计时的方法:在运行线路上,任意设定几个站点为考核站,车辆经过考核站点时系统自动记录进站和出站的时间。系统将这些数据自动保存,便于企业对驾驶员的非正点率进行考核,有助于提高驾驶员正点到达的观念,提升服务质量。

19)站台调度屏

设置站台调度屏的目的:让驾驶员更加明确地掌握发车时间。

站台调度屏的功能:在调度系统中,站台调度屏除显示当天的发车时间表外,还可以分屏显示第二天的发车时间表,以及一些车队下发的各种通知等。

此功能需要站台具备电子显示屏幕。

20)乘客流量采集

乘客流量采集的目的:实时了解乘客各时段、各站点的分布情况。

实现乘客流量采集的方法:在每台车上装置红外探头,通过车载终端自动将采集的数据发往监控中心,监控中心自动将数据保存,方便日后备查。

此功能需要公交车辆 GPS 设备上配备流量采集仪器。

21)温度采集

温度采集的目的:实时了解车内各时段的温度,制订有效的预防措施。

实现温度采集的方法:在每台车上装置温度感应器,通过车载终端自动将采集的数据发往监控中心,监控中心根据温度提醒驾驶员(如夏天提醒开启空调降温),并自动将数据保存,方便日后备查。

此功能需要公交车辆 GPS 设备上配备温度采集仪器。

22)多车历史轨迹回放

多车历史轨迹回放的目的:事后了解车辆各时段的运行情况,有效解决如车辆相互追抢、纠纷处理、偏离线路等情况。

多车历史轨迹回放的作用:车载终端返回和报告的数据信息永久保存于系统数据模块内,保证用户可以查询、下载或者打印车辆在任何时间段的历史记录信息,包括时间、经度、纬度、车辆位置、速度、方向、当时限速情况、报警状态等。用户可以将某车辆某时间段内的行驶轨迹重新描绘在管理平台的电子地图上,很明确地查看车辆有没有违反正常行驶规定的现象发生。

多车历史轨迹回放界面如图 3-16 所示。

23)同向报警

同向报警的目的:保持公交车辆运行间距,使车辆分布合理,利于合理调配运力资源。

实现同向报警的方法:在车辆行驶过程中,当同一运行线路两车相距小于设置的警戒距离(距离可设定),系统将以语音报警(将报警声音传送到车载终端)或文本的方式(后台自动发送短信到车载终端的显示屏幕上)提示驾驶员。该过程每隔一个时间段(可设定)会自动检测,大大解放了后台指挥调度人员的工作。

同向报警界面如图 3-17 所示。

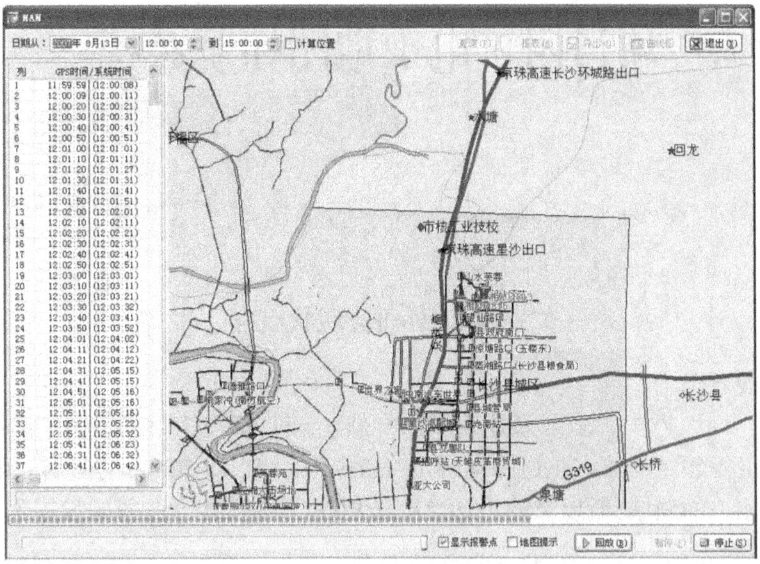

图 3-16 多车历史轨迹回放界面

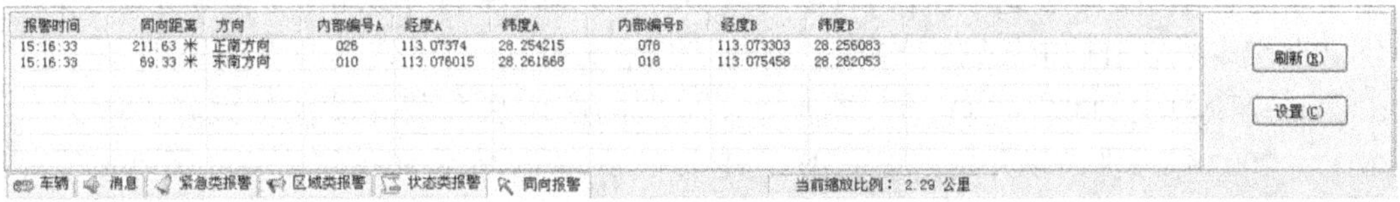

图 3-17 同向报警界面

24）公交热线查询

公交热线查询的目的：为广大市民提供公交信息热线咨询电话，当需要查询具体某趟公交线路目前的实时车辆行驶信息时，呼叫中心人工座席人员在接听电话的同时，即可通过终端上的该功能及时进行回答。

实现公交热线查询的方法：可以在输入公交线路号、乘车车站、目的地等几个关键信息，就可及时将该线路上的运行车辆显示在地图上，及时将行驶信息告诉乘客，为乘客提供了极大的方便。

项目四 电子地图导航系统

学习情境一 电子地图导航系统概述

一、国内外研究现状概况

1. 国外发展概况

20 世纪 80 年代,欧美很多国家开始了以导航、查询、管理为目的,应用于车辆导航、交通管理和安全保卫等领域的数字化道路地图(Digital Road M,即 DRM)的研制。由于 DRM 主要应用于与导航相关的领域,所以又称为导航电子地图。导航电子地图的发展经历了以下三个阶段。

第一个阶段为 1992~2001 年,导航电子地图的主要应用是车载导航仪,而导航仪的销售对象主要是新车用户。在这一阶段,日本车载导航仪的新车装配率从 0.4% 提高到 35% 以上,欧洲和北美车载导航仪市场则从 1998~2000 年开始发展。

第二个阶段为 2002~2007 年,导航电子地图的应用从车载导航仪扩大到手持导航仪(PND)。2002 年欧洲市场开始出现 PND,PND 以其成本低、安装和操作简便的优势在很短的时间内迅速普及。在这一阶段,导航仪的销售从以新车用户为主扩大到旧车用户。

第三个阶段从 2007 年下半年开始,导航电子地图的应用进一步扩大到手机,特别是普通多媒体 GPS 功能手机的出现,意味着导航仪市场扩大到了大众化消费者市场。到 2009 年年底,全球手机用户数量已经达到 46 亿多;全球带 GPS 功能的手机用户将由 2004 年的 9 000 万个增加到 4 亿个。美国著名的资讯公司 IDC 估计,到 2010 年,全球使用导航电子地图的手机用户将超过亿个,基于手机和互联网的 LBS 也将随之迅速发展起来。IDC 预测,仅美国市场,LBS 的年销售额将从 2006 年的 4 700 万美元扩大到 2010 年的 31 亿美元。IDC 进一步预测,这一回,LBS 将永远处于 GPS 应用的中心地位。

2. 国内发展概况

20 世纪 80 年代末、90 年代初,国内也开始了导航电子地图相关内容的研究,比较有名的有中国科技大学 GPS 实验室研制的 MMIS(Multimedia Map Information System,多媒体电子地图信息系统)。导航电子地图的数据组织是电子地图的核心之一。合理的数据组织能够使导航电子地图数据全面,关系明确,数据冗余量小。以合理的电子地图数据组织为基础编写软件,速度快,精度高,比较容易开发出人性化的作品。导航电子地图的实时性等特点要求其数据组织的主要特点是:简单,拓扑关系明确。目前,国内比较有代表性的二维电子地图有:北京图为先公司开发的 bar.com 平台,北京灵图公司开发的 51ditu.com 平台,还有以 Google 为代表的运用了美国卫星航拍技术的 bendi.google.com 平台。三维电子地图的代表当属该领域的后起之秀,如诞生于杭州的阿拉丁信息科技有限公司开发的 edushi.com 平台。2005 年是国内电子地图取得技术突破并得到长足发展的一年,许多商业网站先后与上述或者其他电子地图平台的开放接口实现对接。2007 年,北京四维图新导航技术有限公司推出了新版导航电子地图,其精准覆盖了全国所有省际、城际、国道和高速公路,并经过100%实车验证,道路总里程达170多万千米,包含了全国500多万个餐馆、酒店、加油站、景点、医院等兴趣点。与以往的导航地图产品相比,四维图新2007夏季新品拥有更广阔的覆盖面积和更加精准的路网匹配,保证用户能畅行全国。同时新版地图还特别添加了3D高速入口放大图、3DLandMark、BrandI-com等多项人性化设计,更好地帮助大众解决出行难、行车难的问题。

3.21世纪电子地图发展的趋势

随着人们对地理信息需求的激增,电子地图也将越来越深入到人们的生活中。从电子地图内容和形式的发展现状来看,电子地图不再仅仅局限于静态的位置信息服务。近几年又出现三维可视化地图、动画地图等产品。许多原本不属于地图的内容也被纳入到电子地图的范畴。由此可见,电子地图的应用领域在不断扩展,表现形式在不断增加,表现的内容也在不断丰富。电子地图应用领域的拓展主要表现在以下几个方面。

(1)行星地图的出现。德国某大学通过遥感数据进一步发展三维建模技术,可以真实地再现火星的表面状况。另外,俄罗斯、美国也在研究和开发行星电子地图。行星地图的出现无疑把地图从地球空间扩大到了宇宙空间,通过地图的形式展示了宇宙中不同对象的相关关系和形态特征。

(2)虚拟现实和三维可视化地图。例如,通过虚拟现实,在大厦或小区建设前可以进行模拟显示。客户在购房前可从不同角度来观察一个未建成楼房的结构。设计师可以把自己的设计方案通过三维虚拟效果展示给用户。三维地图的出现使地图能够更加真实地表现实体,使地图的可读性更强。

(3)汽车导航地图。用于汽车、物流管理、交通、急救等行业的导航地图是地理信息系统与全球定位系统相结合的产物,是电子地图应用领域拓展的一个重要方向,它可以形成多种不同分支的电子地图产品。它为电子地图的未来开辟了广阔的市场。我国也已经有多家单位研发了导航电子地图,如中国地图出版社研发的北京导航电子地图和全国导航电子地图、北京四维图新导航信息技术有限公司研发的四市一省导航电子地图。

(4)盲人智能导航电子地图。为了帮助盲人在道路上行走,科学家正在研制一种帮助盲人的智能导航电子地图。该地图不但具有分析地图的能力,而且具有语音提示的功能。它会通过电子地图及灵敏摄像头所摄取的图像分析出当前道路上的情况并作出判断,用语音向盲人提示前方应如何行走。这种智能性导航电子地图还可用于无人车辆驾驶以实现在科幻电影所看到的未来的智能汽车。

(5)PDA地图。这类地图的问世使电子地图突破了需要大型硬件支持的瓶颈,克服了电子地图使用不方便的缺点。当你走到一个陌生的城市,可以用PDA查看存储的电子地图,也可以通过GPRS、CDMA等通信手段下载该地区的地图。如果用PDA带GPS功能,你还可以知道自己所处的位置,以及如何到达某个目的地等。

(6)网络地图。互联网的出现使网络地图逐步走上舞台,它的多用户性、交互性、及时性使电子地图的性能、特点得到了充分的发挥。网络地图具有很多不同于其他地图的优点:首先,它使用方便;其次,它的资料现实性强;再者,网络为地图信息反馈提供了前所未有的技术手段;另外,用户使用地图的自主性更强。随着未来网络全球化的发展,网络地图将成为许多地图产品的替代品。

二、建设目标

(1)电子地图扮演着平台、对象、工具等多重不可替代的角色。通过电子地图中量化的各种数据与 GPS 数据间的联系(地图匹配),确定车辆在实际空间中的位置。

(2)分别阐述了当前流行的几种最优路径的算法,并对算法的效率进行了比较。

(3)系统当前对路况的处理是驾驶员本人在自己的系统上设置路况,提出路况数据发布和共享的设想。路况数据可以通过有线或无线网络进行发布,这样,每个驾驶员所经过的不同路段的通行情况就能被所有的用户了解,系统在查找最优路径的时候,真正实现路径最佳。

学习情境二　电子地图导航系统方案设计

一、可行性分析

交通一直是维系人类生存发展的命脉。人们每日出门工作,都要与地铁、公交车、出租车或者是私人轿车、自行车打交道,这是最常用的交通工具。近几十年来,交通工具的使用频率和普及程度急剧上升,人口数量的增长以及伴随着社会进步接踵而来的交通流量剧增,使得道路数量已经达到一定瓶颈,并且已经开始逐渐出现公路允许的交通流量不能满足人们需求的情况。这种情况在西方一些发达国家和日本特别严重。乘车拥挤、交通堵塞,耽误了大家宝贵的时间,也浪费了大量的金钱。这些问题的解绝不是仅仅依靠道路的扩建就能完成,在此情况下,出现了利用高新技术提高现有道路利用程度以缓解交通压力的新型交通系统——智能交通系统(ITS)。整个智能交通系统都以交通路线的定位导航为核心,是智能交通系统的中心部件,是其他各种功能应用的基础点。在这些内容的实现过程中,电子地图扮演着平台、对象、工具等多重不可替代的角色。正是通过电子地图中量化的各种数据与 GPS 数据间的联系(地图匹配),才能确定车辆在实际空间中的位置。在导航系统中,要计算车辆行驶的最佳路径,电子地图既是算法计算的对象,也是算法赖以成立的工具。只有建立合理的电于地图数据引擎,在数据引擎的基础上开发出完备的导航电子地图,并且对导航电子地图进行合理的运用,ITS 才能在实际生活中产生更大的作用。电子地图导航系统本着在满足车辆导航定位要求的前提下,结合当前的研究现状、经济水平以及车辆管理的实际需求,尽可能地降低导航系统的成本及组成的复杂度。GPS 能迅速、准确、全天候地为车辆提供定位、导航信息,电子地图则提供比较精确的城市交通路况信息,将二者结合起来,并采用较好的地图匹配算法和最佳路径算法以及新型的计算机技术,确保能有效地确定车辆所在地理位置与方位,实现导航功能,这也是本方案设计的意义所在。

二、设计思路、技术路线和方法

(1)交通资源信息的调查和收集。收集当地最新的交通资源的资料,包括建筑物、交通路线、人文地理、民族风情等资料,并对其进行详细的勘察及数据处理(包括图形、图像、音频、视频、文本数据)。

(2)对当地电子地图导航系统进行总体设计。借鉴电子地图的设计流程,结合当地地理资源的特点,对当地电子地图进行总体设计(栏目设计、界面设计、图幅设计、符号设计、色彩的应用等)。

(3)程序实现 GPS 接收机接收到的数据与电子地图的优质匹配。地图匹配算法是借助电子地图库的高精度道路信息作为分类模板来进行模式识别,根据识别结果来矫正 GPS 接收数据的定位误差。所提出的电子导航系统采用的具体匹配算法是利用历史行走轨迹对电子地图库中的道路线段信息进行实时模式识别。

电子地图导航系统的技术路线如图 4-1 所示。

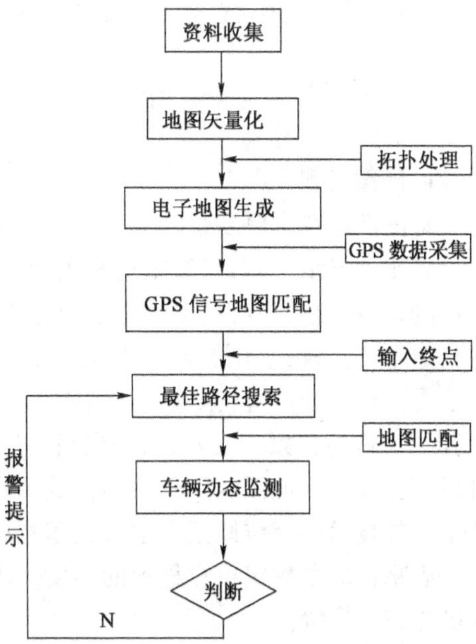

图 4-1　电子地图导航系统技术路线图

三、系统设计原则

电子地图导航系统的最终目的是通过全球定位系统(GPS)的实时定位功能和地理信息系统(GIS)强大的图形显示和空间分析功能,为用户提供优质的服务,使用户可以随时了解自己所处的位置,即所在的行政区域、所在的道路等,并且可以用最短的时间、最简单的方法了解所到目的地的位置以及目标距自己的距离、方位和最优的行车路线等信息,可为广大用户节约宝贵时间,提高工作效率。

1. 易操作原则

地理信息系统有三大组成部分,即计算机硬件系统、软件系统、地理数据库和用户。用户是地理信息系统的直接使用者,任何系统的开发都将直接被使用者所用,而使用者通常又不懂 GIS,这就要求系统界面的设计要友好易用。因此,地理信息系统要最大可能地做到操作简单、界面友好,让用户可以轻松地使用,从而实现用户的目的。

2. 易更新原则

随着经济发展的日益加快,城市的面貌也在不断改变,这就势必要涉及道路的改造、新建以及建筑物的拆迁,从而导致导航数据库中的数据陈旧,达不到实时、准确的效果。因此,必须及时对导航地理数据库进行更新,竭尽全力做到数据的实时性、准确性。

3. 开放性原则

随着 hitemet 技术的迅猛发展,当今世界处在了信息共享的时代,数字地球的概念正风靡全球。特别是最近几年,地理信息产业可谓百家争鸣,既有国外的资深企业,如 ESRI;也有国内的后起之秀,如 MAP GIS。商家的多元化同时也导致了 GIS 数据的多样化。数据格式的不统一给数据共享带来了一定的困难,因此,数据标准化成为当今 GIS 研究的重点。电子地图导航系统应力求做到开放性,能够接受多种 GIS 数据,包括矢量数据、栅格数据。在上述原则前提下本系统设计的导航电子地图应具有及时更新的功能。用户可以根据需要用系统提供的 GIS 工具随时更改导航电子地图,并且更改后地图可进行保存,从而达到数据的现时性。另外,导航系统必须高效工作,提供全天候服务,即高品质、高质量、稳定性极好、低功耗、模块化设计、全天候的连续正常工作。对于一些夜间行车的驾驶员,特别是出租汽车驾驶员,电子地图导航系统可以方便他们时刻清楚当前所在位置和目的地的位置。

学习情境三　电子地图导航系统设计方案关键技术

一、地图匹配原理

1. 地图匹配

地图匹配在车辆定位与导航系统中十分重要，为了向驾驶员提供准确的行驶指令或在地图上正确地显示车辆，必须知道车辆的准确位置。因此，车辆的准确定位是每一个导航系统所必备的条件。推算定位、卫星定位及地面无线电定位等技术均可用于车辆的定位（确定车辆在公路上的位置）。由这些技术所确定的车辆位置与地图上的定位位置（或路径）相匹配，称为地图匹配。当前者（采用上述技术确定的车辆位置）被调整到后者（车辆在地图上的正确位置）时，可以消除累积误差，从而提高匹配精度。地图匹配利用数字化地图使得定位系统更加可靠而且准确。地图匹配是将不精确的定位信息调整后显示在一个精确的地图中，它是一种基于软件技术的定位修正方法。其基本思想是将车辆位置和轨迹与数字地图中的道路网联系在一起来提高车辆定位和显示的精度。车辆从初始位置开始，通过一系列的位置调整，直至达到最终正确位置。

应用地图匹配有两个前提：一是用于匹配的数字地图精度较高，二是假设车辆行驶在道路上。

地图匹配原理：假定车辆在道路上，GPS 测量出的车辆位置坐标有误差，没有落入到道路范围内，将测量数据与地图数据库内数据比较之后，重新确定车辆在地图上的位置。确定匹配点是地图匹配过程中最核心的环节。在这一环节需要完成两个任务：寻找可能的匹配位置；确定候选位置中最有可能的点。

投影法的基本原理是将测量到的位置点投影到待匹配路段上，再比较投影距离大小，根据比较结果来确定所在路段和位置。图 4-2 表示了投影法的原理。

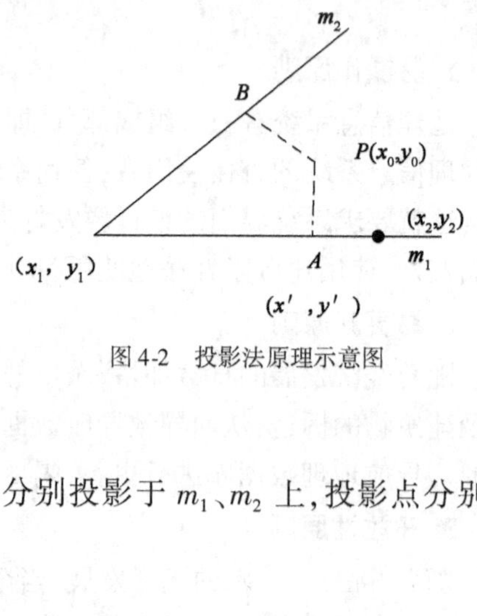

图 4-2　投影法原理示意图

地图匹配的基本步骤如下：

（1）确定估计点 P 相邻候选路线 m_1、m_2，将 P 点分别投影于 m_1、m_2 上，投影点分别为 A、B。

（2）m_1 的方程为：

$$ax + by + c = 0$$

$$a = 1, b = -1/k,\ c = -x_1 + y_1/k$$

$$k = (y_2 - y_1)/(x_2 - x_1)$$

m_2 的方程类似。

（3）根据距离方程 $d = |ax_0 + bx_0 + c| / \sqrt{a_2 + b_2}$ 分别求出 P 点到 m_1、m_2 的距离 PB 和 PA。

（4）比较 PB 和 PA，选择距离最短的线路作为实际投影线路，再求投影在实际线路中的坐标 $A(x', y')$：

$$x' = (bx_0 - y_0 + kc)/b - ak$$

$$y' = (x_0 - x')/k + y_0$$

$A(x',y')$即为地图匹配的点。

投影匹配法思路简洁,算法逻辑容易处理,快速性好。但是在道路密集处和交叉路口,单纯投影方法是不能满足要求的。因此需对投影方法进行改进。

2. 地图匹配算法的改进

对于路段评判不仅仅考虑到投影距离,还要对车辆航向、道路连通性、前后点位置相关性和道路属性综合考虑。算法过程如下:

(1)确定初始位置。车辆启动时并不一定位于道路上,起始时刻的匹配结果很有可能不正确,或者在搜索范围内并没有可供选择的道路,所以直接将 GPS 定位结果作为位置点。当匹配结果到达一定可信度之后,再进入正常匹配的过程中,如图 4-3 所示。

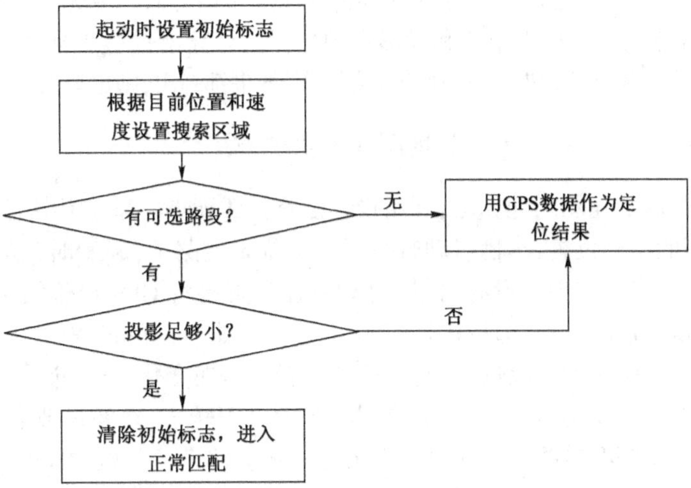

图 4-3　地图匹配流程图

图 4-3 中利用投影距离是否足够小作为判断匹配结果可信度的条件。需要指出的是,在正常的匹配过程启动后,默认车辆已经行驶在地图范围内的道路上,所以不再对匹配结果可信度进行检验。

(2)进行道路搜索。偏差指定范围是一种邻近性判断,并不完全,将道路连通性考虑进去来改善。如图 4-4 所示 P_0 是前一时刻匹配出的位置点,只是当前时刻测量位置,R_1、R_2、R_3 是落入到搜索范围内的三条道路。箭头所指为 P_0 时刻车辆的行驶方向。前一时刻匹配结果是认为车辆在道路 R_1 上,与 R_1 直接相连的道路是 R_2,因此,车辆不可能不经过 R_2 而直接行驶到 R_3 上。尽管 R_3 进入到搜索范围内,车辆却只可能在 R_2 和 R_1 上,因此排除 R_3。道路之间连通性是道路的属性数据,必须在制作数字地图时确定下来,使用时直接读取。道路连通性是静态数据,可以预先在地图中设定好。

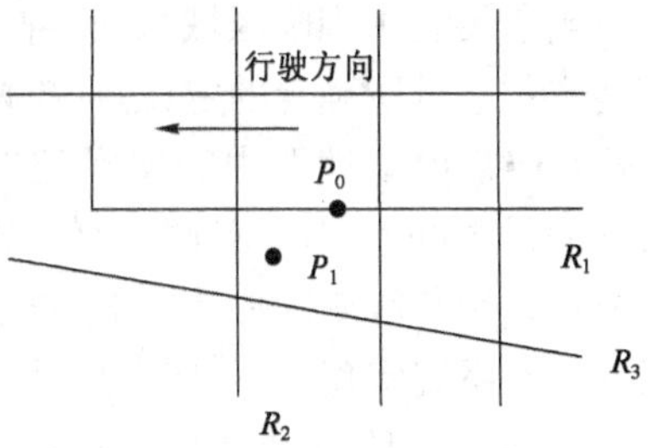

图 4-4　道路连通性

(3)计算车辆航向和路段倾斜角的偏差。车辆行驶轨迹同道路有一定程度的相似性,用航向表示就是航向角中同道路倾斜角 e 不应有过大偏差。道路倾斜角 e 定义为道路和正北方向的夹角。这样可以用航向对路段再进行一次选择。计算航向有两种选择:通过 GPS 接收机输出的航向数据;通过前后点位置连线的倾角。GPS 接收机输出的航向是当前时刻的速度方向，车辆正常行驶时不存在侧滑等动作，所以可以直接用速度方向角作为航向。当时间间隔比较短时，前后点位置连线就可以视为两点间的轨迹，用这两种方法没有太大差别。考虑到车辆机动和道路宽度，所以要设定阈值 Δk，比较航向角和路段倾斜角 e。当 $e < \Delta k$ 时，认定轨迹同该路段有相似性，可以进行投影匹配。图 4-4 中，R_2 通过连通性检测，但是倾角与车辆航向角相比，偏差过大，所以航向检测可以排除掉 R_2，所有候选路段只剩 R_1。在实际使用中有一点要注意：航向角有方向，GPS 数据输出航向角是 0° ~ 360°，正北方向为 0°；而路段倾斜度只用一个角表示即可。若路段倾斜角为 e，那么航向角为 e 和 $e + 180°$ 的点都可以在这条路段上，只不过两个点的运行方向正好相反。限定路段倾斜角为 0° ~ 180°，航向角中超过 180° 时减去 180°，这样再进行判断可以消除方向问题。车辆航向是动态数据，尤其是在低速情况下，变化可能会比较大，所以设定一个速度阈值，小于该阈值即认定车辆为低速情况，不进行航向匹配选择。

（4）计算位置点到道路投影距离和投影点的坐标。计算出投影坐标后，与路段起终点坐标比较，落在路段内认为是合理数据，然后比较投影距离；如果都超出，则选择最近的路段结点匹配。

二、地图匹配实现方法

系统采用修正后的地图匹配算法，利用投影法查找匹配点。系统开始运行后，首先确定初始位置，获得车辆的坐标位置，车辆启动时并不一定位于道路上，起始时刻的匹配结果很有可能不正确，或者在搜索范围内并没有可供选择的道路，直接将 GPS 定位结果作为位置点。当匹配结果到达一定可信度之后，即投影足够小，再进入正常匹配的过程中。

在进行车辆行驶路线的跟踪过程中，车辆的位置总是在变化，不可能一直对应于道路拓扑网络中的某一段弧上。在到达节点后，需要判断车辆是否转弯；在经过节点以后，需要重新确定匹配候选路段。车辆在道路上一般只有在节点处才会转弯，所以要判断车辆是否转弯，应该在节点处进行。首先，需要在车辆所行驶的道路上找到前方节点，在该节点处设置一个判断区域；当车辆如果没有进入这个判断区域的时候，认为车辆仍然在当前匹配路段上行驶；当车辆进入这个判断区域的时候，启动判断车辆转弯的程序，在更小的判断区域内利用车载定位传感器判断车辆的转弯情况；当车辆驶出判断区域以后，根据车载定位传感器的转弯数据和导航电子地图中的道路网信息，判断车辆的下一行驶匹配路段，并在该路段上进行车辆的定位匹配。在地图匹配的开始，以及在判断车辆转弯过程中，都需要获取一个判断区域。判断区域的作用主要有两个：其一，用来获取匹配候选路段；其二，用来判断是否进入获取车辆转弯情况的程序。当需要利用判断区域来获取候选匹配路段的时候，出发点应该是定位信号所确定的定位点，判断区域必须以一定的概率包含车辆在导航电子地图中的实际位置。当需要利用判断区域来判断车辆是否进入转弯情况的时候，出发点应该是道路交通网络中的节点。判断区域的形状一般有两种：圆形判断区域和椭圆判断区域。在系统实现中，一般采用圆形判断区域。圆形判断区域的圆心有两种情况：分别为定位点和节点。圆形判断区域的半径由 GPS 定位系统内定位精度来决定，如图 4-5 所示。

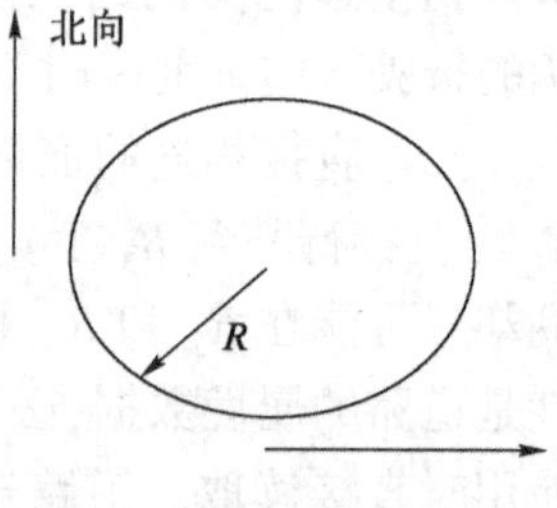

图 4-5　圆形判断区域

三、路 径 规 划

路径规划是帮助驾驶员在行驶前或运行中规划路线的过程，导航定位系统中的路径规划过程是根据系统所提供的地图来实现的。由于当前的系统还没有利用无线通信设备实时地获取道路网络的交通情况，目前的规划路径模块主要以最小旅行距离为标准，即查找最短路径。使用者只需输入目的地的地名或设施名称中的一项信息，系统就会以图形形式显示到达目的地的行车路线或者使用者可以通过使用系统的地图漫游功能直接查找、确定目的地。

1. 最短路径

系统将车辆目前所在的位置默认为起点，用户只需要在图上确定终点的位置，系统自动计算两者之间的最短路径，并报告路程长度。

2. 最优路径

在导航中，可以这样来理解最优路径：在最短路径的基础上，参考道路状况信息，即为道路设置通行权重，由此来计算最优路径。在设置起点和终点后，系统已经给出了两点之间的最短路径，用户可以手动对这条路径上的不同路段设置通行权重。为了方便起见，系统设置两种通行状态：顺利通行和不可顺利通行。系统在初始化时，每条路段都是可通行状态，这时用户可以全部设置为不通行或者通行。设置好之后，以初始状态为全部通行为例，计算最短路径；然后在这条路径上，设置不能顺利通过的路段；设置完毕后，系统在可通行路段中再次查询、计算最短路径，此即为该状态下的最优路径。

3. 路径引导

路径引导是系统通过声音、图像等多种媒介来指挥用户沿着路径规划模块计算的路线行驶的过程。为了确定车辆当前的位置和产生适当的引导指令，通常是转弯接着转弯或依次转向，此时需要借助地图数据库和准确的定位。在引导过程中，系统通过声音、路口放大图和转向图标等多种手段告知用户需要采取的操作动作，并且能够根据用户的设定，以语音或者在地图上以醒目的符号提示当前车辆附近用户感兴趣的商店、快餐店、加油站等设施的标志、名称和位置。

项目五　GPS 车辆动态监控系统

学习情境一　GPS 车辆动态监控系统概述

一、国内外车辆动态监控系统现状

1. 国外研究现状

20 世纪 80 年代后期，西欧、北美和日本等发达国家竞相发展智能交通系统（ITS）来减少交通阻塞，增加车辆机动性和路面运输效率；增强安全性、节约能源以及保护环境。其主要途径是利用信息、通信、定位和控制技术，将车辆和公路集成在一个可以安装在车辆上的信息网络中，同时，将整个公路系统的车流量进行优化以增加交通容量，提高车辆的运行安全系数，改变传统的交通运输状况。国内这方面的开发工作开始得也很早。目前，国外 ITS 的研究主要集中在交通控制与管理、车辆安全与控制、交通中人的因素、交通模型开发、行政和组织问题、通信与广播技术或系统等方面。研究成功并已投入使用较多的是汽车自动定位和导航系统。日本、德国、美国等国家的豪华轿车已经安装 GPS（全球定位系统）车辆自动导航系统，日本已有 50 万辆以上的汽车装有自动导航系统，美国计划到 2010 年达到 1 100 万辆。

在这方面最早从事开发工作的公司有 Navsys、Trimble 和 Motorola 等，后来如 Ford、Rockwen 等公司也纷纷加入到这个领域中来。它们设计的车辆监控系统一般都与蜂窝通信联系起来，在通信方面具有比较高的实用性。目前，越来越多的这类系统通过测试，走入市场，而且功能走向多元化。如在美国华盛顿州安装测试的一套名为 Mayday 的报警处理系统，就以其强大和实用获得了华盛顿交通部门的高度评价。

由于 GPRS 车辆监控系统具有其他车辆监控系统难以比拟的定位功能，所以在需要实时知道被监控车辆的位置的监控场合，该类系统具有很强的应用价值。特别是在运钞车、警车和其他一些特种车辆，该类系统正日益发挥越来越重要的作用。相信在现代社会城市化的进程中，运用 GPS 技术来定位车辆信息会越来越广泛和重要。

2. 国内研究现状

我国的 ITS 智能交通领域的研究虽然起步比较晚，但是其研究和发展得到了政府部门的重视，科技部已经把 ITS 列入了中国高新技术开发和产业化的计划，同时协同交通运输部、公安部、住房和城乡建设部、铁道部、信息产业部和相关的高校等科学研究机构进行共同的研究和开发。大约从 1994 年开始，一些从事 ITS 智能交通系统研究开发的公司、单位结合国情进行了这类移动信息系统的设计制造工作。在 1994 ~ 1995 年期间，就有上百家公司研究车辆监控系统，但由于技术途径尚不完善，大多数产品并没有被推广使用；1996 ~ 1997 年间，在对原有的系统进行改进的基础上，相继出现了具有一定水平的集群系统；1998 ~ 2000 年，技术又有了较大的提高与发展，通信网络开始采用 GSM 公众网的短信息服务，但还不成熟；2001 年以后，利用各种通信网络的车辆监控系统市场的热潮到来，较成熟的产品不断推出。但与国外相比,国内的这类系统的通信部分采用的技术还比较落后。

由于早期系统大多采用专用网,导致了实现系统及系统的运营费用都较高。随着短信平台的推广应用,利用短信息在车载终端和监控中心之间进行通信的方式迅速被采用和推广。所以,目前国内的相关产品,其通信方式大多均采用短消息平台,这种短消息服务(SMS)使信息传输更加方便快捷,使系统的组建费用大幅度降低,运营费用也有了较大幅度的下降。但这种运营模式也存在着固有的缺陷:短消息按条收费,系统为了通信需要频繁地使车载终端与监控中心保持联系,即使在有优惠措施的情况下也需要用户付出高昂的通信费用,短消息还容易出现延迟、丢失的现象,降低了系统的实时性和可靠性。

二、建 设 目 标

GPS 的车辆监控系统就是把全球卫星定位(GPS)技术、GPRS 无线通信技术和 GIS 技术相结合,用以监控车辆所在位置和状态的安全保障系统。此系统通过 GPS 定位技术,获得被监控车辆的地理位置和利用传感器获得一些附加信息(如速度、方向等),然后通过 GPRS 无线通信网,把信息传到监控中心,并通过监控软件,在监控中心的电子地图上显示出来,从而达到监控的目的。另外,该系统还具有一些附加功能,如在移动目标发生意外、遭到劫持、车辆损坏、迷路等情况下,可以向处理中心发出求助信息,处理中心根据获得的车辆的准确位置,迅速给予帮助。

GPS 车辆动态监控系统方案依托现有的软硬件,主要是对车辆动态监控系统的整体结构进行设计,涉及车辆终端的结构设计,以及各个模块间通信网络的拓扑结构设计,主要包括以下几方面的工作:

(1)动态监控系统结构设计。

(2)动态监控系统功能设计。

(3)各子模块的工作流程图。

学习情境二　GPS 车辆动态监控系统方案设计

一、可行性分析

由于社会的飞速发展,汽车越来越成为人们不可缺少的交通工具。据统计,仅几个发达国家,汽车的保有量已达数亿辆之多。目前我国城市的机动车保有量正以 15% 的速度增长,已达几千万辆。然而在我国,城市道路的增长率则仅为 3% 左右,交通拥挤状况依然严重,低效率利用道路及管理技术落后并存的现象,又加剧了因交通设施短缺所造成的困难。在我国大中城市中,普遍存在着人车混行、运输效能低下的现象,同时,盗、抢机动车案件犯罪的发案总数正明显地上升,汽车的防盗、防抢问题也变得越来越重要。因此,发展智能交通系统的意义非常重大。

GPS 是在 20 世纪 80 年代才开始应用于汽车交通领域的。但它的应用对减少交通阻塞、提高汽车运行效率、节约能源、提高安全性,有着非常重要的意义。将其与地理信息技术(GIS)、GPRS 通信方式融为一体就构成了现代的车辆监控系统。车辆动态监控系统的应用,可以实时地获得车辆的位置、速度、方向、状态等,也可以对车辆进行控制和调度,实现对车辆的监控。

在国民生产中和人民的日常生活中，有很多情况下也需要了解车辆的具体位置，以便对车辆进行及时的指挥调度与管理。首先是对特种车辆的调度管理。例如运钞车、救护车、救火车等，在我国，这类车辆约有几十万辆。对这些车辆往往要求实现全程监控、调度和指挥。第二，对城市大量的出租车来讲，安装上 GPRS 车辆管理信息系统，不仅可以大大增强防盗、防劫的能力，而且将十分有利于出租车运营管理。总之，GPS 车辆动态监控系统将具有良好的应用前景。

二、设 计 思 路

1. 功能模块的设计

GPS 车辆动态监控系统功能模块的设计参考图 5-1。

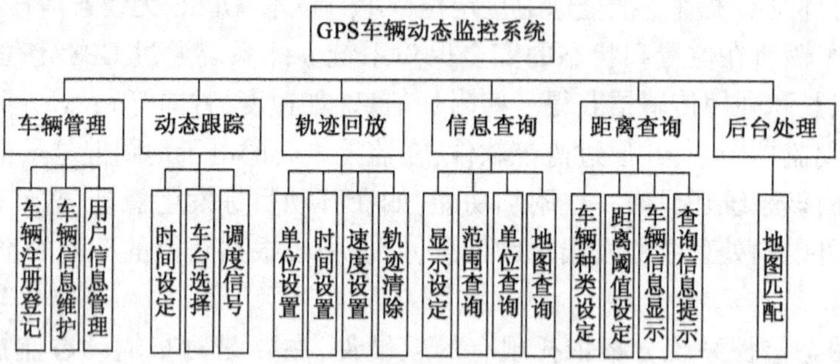

图 5-1　系统功能模块设计

系统功能设计过程中，需要实现的目标功能如下。

(1) 车辆信息管理功能：实现对车辆及其用户的管理维护功能。

(2) 车辆动态跟踪功能：实现对选定车辆在电子地图上的实时动态显示。

(3) 车辆轨迹回放功能：实现对指定单位、指定车辆、指定时间段的车辆历史轨迹的再现功能。

(4) 车辆信息查询功能：实现指定单位、指定范围内的车辆信息查询，车辆种类的查询，距离某点最近车辆的查询，以及距离某位置一定距离阈值范围内的车辆查询。

2. 车辆动态跟踪

车辆动态功能是监控系统中的核心功能，它能实现对安装有 GPS 车载终端的警车、巡逻车和拖车等不同类型车辆的实时监控。其中，车辆的位置、速度、运行方向等状态在监控中心的电子地图上可以直观、实时地显示出来，方便指挥调度人员随时掌握现有车辆资源的布控情况和运行路线，并作出相应的调度部署，以便当紧急事件发生时，指挥人员可以快速地通过监控系统指挥调度相应车辆进行事件处理。

车辆信息管理系统可以对配备有 GPS 车载终端并可通过 GPRS/GSM 获得监控中心相应服务的车辆进行管理。系统采用车载终端中 SIM 卡号的后九位作为车辆的唯一标识。车辆信息管理主要包括车辆注册登记、车辆信息维护、用户信息管理和日志管理。

(1) 车辆注册登记。该功能可以注册新的 GPS 车台，并登记 GSM 卡号的后九位数字作为车辆的唯一标识。

(2) 车辆信息维护。对与该注册车辆有关的基本信息进行维护，包括 GPS 设备信息，车牌号、车辆型号、车辆类型、车辆用途、颜色、使用单位、驾驶员等信息；同时还可以维护该车辆的 GPS 唯一标识，注销车辆。

(3)用户信息管理。可以增加能进行车辆信息管理的人员，并配置相应的操作权限。当系统管理人员为用户分配权限后，系统在登录后可根据用户的功能权限初始化系统控制界面，对于不具备某种功能的用户无法激活该功能，从而有效地限制了用户的操作，并且保证了整个系统的安全性。

(4)日志管理。采用数据库管理的形式，将操作人员的关键操作记录下来，比如登录、控制、调度、退出等信息，以此可以对工作人员进行管理和考核。

3. 车辆轨迹回放

由于被监控车辆上传的GPS数据被保存到数据库中，因此，车辆轨迹回放功能就是根据存入数据库的历史数据来实现对车辆历史运行轨迹的再现。该功能可以查询不同单位、不同种类车辆的历史运行路线，其中可以进行回放时间和速度的设置。

某城市的车辆轨迹回放见图5-2。

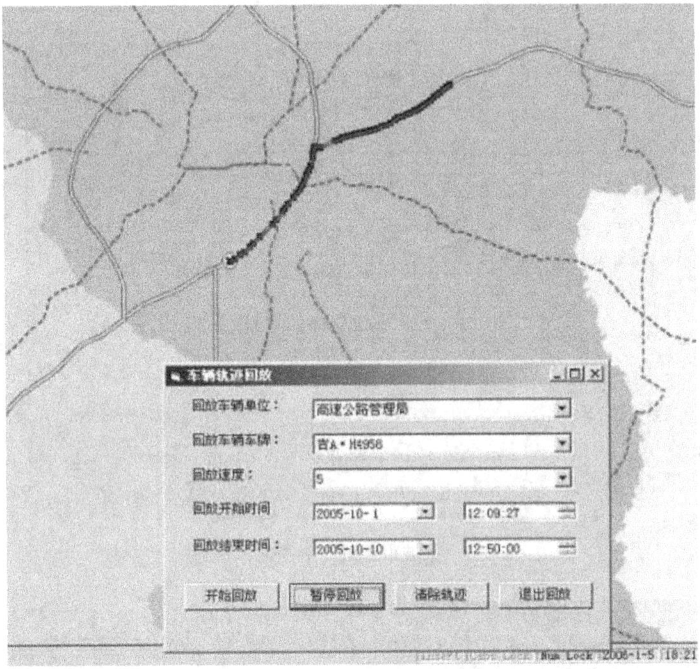

图5-2　某城市的车辆轨迹回放

4. 车辆信息查询

1)图上车辆查询

该功能可以根据车辆从属的地区、单位以及车辆种类的分类，设定要显示的车辆，从而在电子地图上查询所需车辆，并以特殊的标志显示出来。

2)车辆信息查询

当在电子地图上查询显示出所需车辆的具体位置后，可以进行车辆信息查询，进而可以了解相关车辆的详细信息。其功能示意见图5-3所示。

3)最近车辆查询

可以查询距离某位置(如事发地点)最近的车辆信息，这有利于指挥调度的快速进行。在查询过程中，可以按照车辆种类并设定查询距离进行查询。最近车辆查询示意图见图5-4。

车辆定位跟踪系统的菜单显示界面见图5-5。

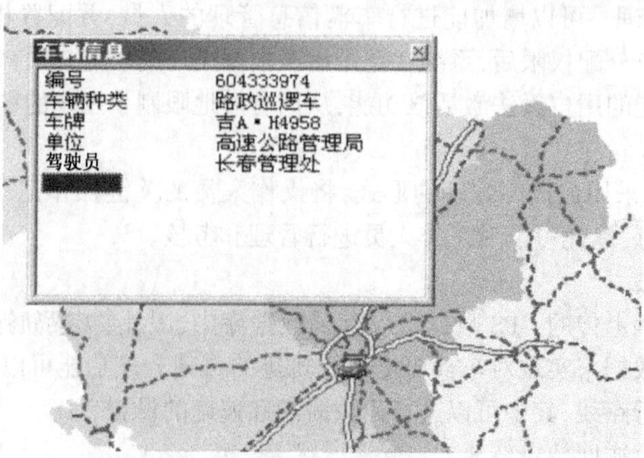

图 5-3　某城市车辆信息查询图

图 5-4　某城市最近车辆查询示意图

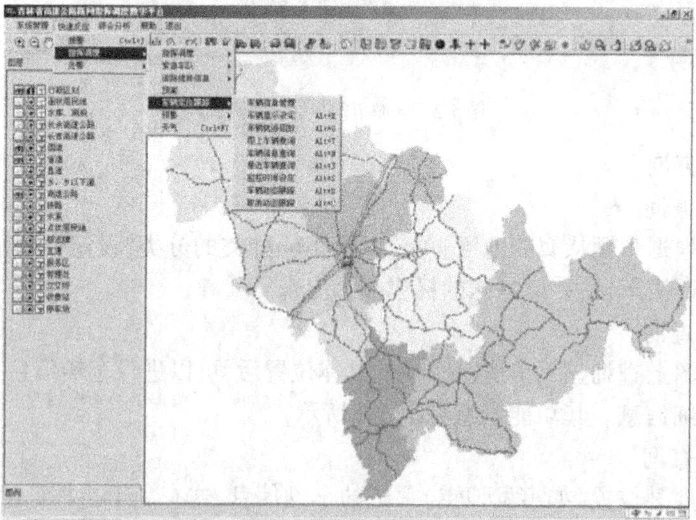

图 5-5　系统菜单显示界面

高速公路监控终端系统的实现,在管理者与其运营车辆之间,建立了一种准确、迅速、直观、有效的信息沟通方式,实现了移动目标与监控中心之间高效的信息交互,使得监控人员可以随时掌握现有车辆资源的布控情况和运行路线,从而更加方便快捷地对运营车辆进行监控管理和指挥调度,这能大幅度提高对突发事件的反应速度,提高工作效率。

三、设 计 原 则

系统设计时遵循的原则主要有:

(1)先进性原则。设计系统时,应充分考虑系统的先进性,考虑信息社会的发展速度,在硬件和软件上适度超前,同时兼顾实用性原则。

(2)实用性原则。设计系统时,应优先考虑实用性,使系统功能与用户实际需求相适应。

(3)可扩展性原则。设计系统时,应充分兼顾当前需求和今后发展,使系统结构上具有标准兼容性和可扩展、扩充性,保证系统可以随着技术与经济条件的发展而不断得到更新和完善。

学习情境三　GPS 车辆动态监控系统设计方案关键技术

一、系统总体架构

GPS 车辆动态监控系统架构融合了全球卫星定位、地理信息、无线数据通信以及计算机处理等技术于一体,可以实现全天候卫星定位、电子地图显示和车辆实时监控等功能。GPS 车辆动态监控系统由 GPS 车载终端、通信链路、服务器中间件、中心服务器和监控终端五部分组成。如图 5-6 所示。

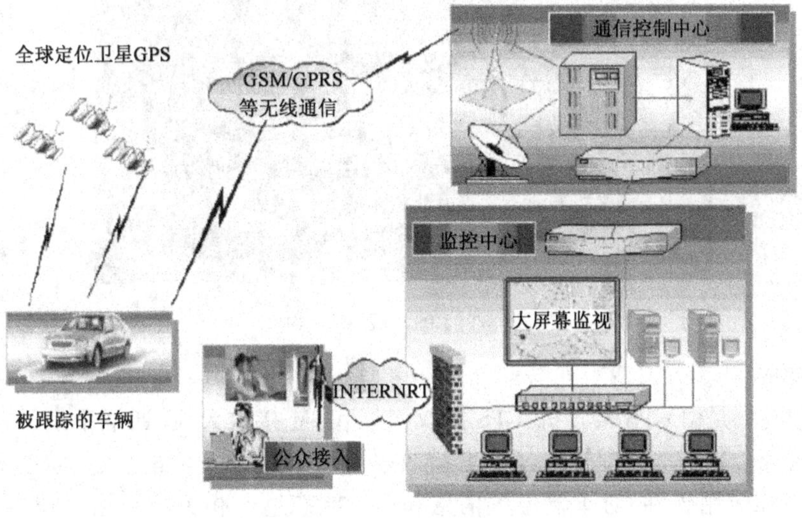

图 5-6　系统总体结构

二、系统各组成部分概述

1. GPS 车载终端

车载终端主要用来接收 GPS 信号(包括终端号码、经/纬度、速度、行驶方向等),将其显示在显示屏上,并即时上传至监控中心服务器,还可以通过通话手柄与监控中心进行双向通信以及发送短消息。

1)GPS 设备选用

本设计采用的车载终端是由深圳市深科骏科技有限公司开发的“深阳 GPS”,它是基于 GPS 卫星定位网络和 GSM/GPRS/CDMA 通信网络的定位通信终端设备,适用于 GPS 卫星信号和 GSM/GPRS/CDMA 网络覆盖范围内的各种室内或野外恶劣环境的数据传输,可为终端自动获取定位和各种数据信息,并将数据送到用户设定的数据运营中心。设备实物见图 5-7。

图 5-7　GPS 车载终端实物

2)设备构成

GPS 车载终端是由 GPS 接收机、GPS 接收天线、GSM 接收天线、通话手柄、显示屏和应用软件等部分组成。其基本原理是通过 GPS 接收模块采集 GPS 车辆的位置、状态等信息,通过微处理器模块和应用软件,对车辆位置信息和运行状态进行相关的数据处理后,再由 GSM/GPRS/CDMA 数传模块来实现与监控中心基于互联网的无线连接及移动通信过程。

3)设备特点

(1)支持 GPS 应用,实现调度监控、车辆定位等功能。

(2)无线通信覆盖范围大,在 GSM/GPRS/CDMA 网络覆盖范围内皆可跟踪到车辆;GSM/GPRS/CDMA 及双 SIM 卡通信技术无需建立专用的通信网,且保密性强,维护简单、通信费用低。

(3)在 GPRS 通信优先的前提下,支持 SMS(短消息)和 CDMA 信息传输方式。

(4)数据双向具有传输速度快、可靠性高和费用低的特点。

(5)终端设备体积小,便于隐蔽安装,扩展性好。

(6)根据车载单元的工作特性与条件进行相关的应用设计,具有良好的性能。

2. 通信链路

由于监控系统的通信链路连接着移动端和监控端,完成车载终端和监控终端交互信息的传递,它是连接两端的桥梁。因此,采用哪种通信方式,将直接影响到监控系统的监控性能。各种通信方式的优缺点对比如下。

1)固定频率的通信方式

系统一旦设定完毕,各个用户仅能利用自己的信道进行数据传输。用这种方法组建的车辆监控系统具有容量小、覆盖范围小等缺点,但对容量不大的系统来说较为实用。

2)集群通信系统的通信方式

系统具有响应快、通信灵活的优点,但是它需要用户自己建设专用的通信网,因而覆盖范围较小,异地漫游较困难。若要扩大覆盖范围,必须加大投资,多建基站,建网投资费用以及建网后的维护费用都很高。这种系统不易推广,适合一些特殊部门的车辆跟踪监控。

3)卫星通信系统的通信方式

卫星通信具有远距离、覆盖面广的优点,适合组建大型的车辆等移动目标监控定位系统。但是这种系统的车辆监控定位终端的价格比较高,通信费用也比较高,在相对较小范围内的车辆监控系统是不合适的。只有在地面通信网或专网覆盖不到的海洋、高山、沙漠、森林区域,这种通信方式才是理想的方案。

4)GSM 网的通信方式

利用 GSM 系统的短消息来进行数据的传输通信,具有覆盖范围大(几乎是全国范围的)、通信费用低的优点;但是它的系统响应速度有时受移动网络的影响,会出现一定的传输延时。数据传输速率被限制在 9.6kbps,且每条短信息的长度被限制在 160 个字符内。

5)GPRS 通信方式

GPRS(General Packet Radio Service)——通用无线分组业务,是一种基于 GSM 系统的无线分组交换技术,提供端到端的、广域的无线 IP 连接,它是现有 GSM 网络向第三代移动通信演变的过渡技术,即通常所说的 2.5G,在目前来说是比较先进的移动数据通信方式。

目前已经进行商业应用的 2.5G 移动通信技术是从 2G 过渡到 3G 的衔接性技术,由于 3G 工程相当浩大,牵扯层面繁多且复杂,要从目前的 2G 转向 3G 不可能立即实现,因此出现了介于 2G 和 3G 之间的 2.5G。HSCSD、EDGE、WAP、蓝牙(Blue tooth)、GPRS 等技术都是 2.5G 技术。

HSCSD 是 GSM 网络的升级版本,能够将传输速度大幅提升到平常的 2~3 倍。目前新加坡 M1 与新加坡电信的移动电话都采用 HSCSD 系统,其传输速度能够达到 57.6kbps。

EDGE 的传输速度可以达到 384kbps,可以应用在诸如无线多媒体、电子邮件、网络信息娱乐以及电视会议上。

WAP 是移动通信与互联网结合的第一阶段性产物,这项技术让使用者可以用手机之类的无线装置上网,透过小型屏幕遍游在各个网站之间。而这些也必须以 WML(无线标记语言)编写,相当于国际互联网上的 HTML(超文件标记语言)子集。

通用无线分组业务(GPRS)是 GSM 系统上的分组数据承载业务。其本质上是一种承载服务,提供了IP层或PPP层的互通性。即通过GPRS可以实现移动终端到因特网或私有网之间的IP或PPP分组传输,从而提供了分组数据业务的广域移动覆盖。在互通能力的基础上,GPRS上可承载的业务取决于GPRS的服务质量(主要是数据传输速率)。

由于IP数据的产生是突发性的,因此有限的GPRS数据时隙可以支持多个GPRS用户。用户产生的数据分组进入队列,实现不同的用户对有限传输资源的统计复用。因此,GPRS的无线资源利用率比较高。

GPRS由于具备即时联机的特性,对于使用者而言,可以说是随时在线的状态。GPRS技术也让服务业者能够按照数据传输量收费,而不是以联机时间计费。这项技术与GSM网络配合,理论带宽可达171.2kbps,实际传输速度可以达到115kbps。

总之,GPRS具有覆盖范围广、传输速率高、接入时间短、永远在线和按流量计费等优点,特别适用于频繁(车辆动态监控通常是实时的)传送小数据量(GPS数据包大小为k级,属于小数据量包)和非频繁传送大量数据。

以湖南省为例,其高速公路运营车辆主要使用GPS车辆动态监控系统进行监控。考虑到高速公路处于野外,其覆盖范围广、实时性要求高且数据传送频繁,因此,权衡比较后决定选用GPRS作为监控系统的主通信方式,GSM为辅助通信方式(发送短消息、通话)。

3. 中心服务器

中心服务器是一个数据接收、存储和管理的系统,在系统中起到信息中枢的作用,车载终端和监控终端分别与中心服务器相互联系。中心服务器装有防火墙,防止病毒入侵和其他非法用户进入。

4. 监控终端

监控终端是一个以GIS为操作基础的车辆监控管理系统。它的主要功能有:车辆信息管理、车辆轨迹回放、车辆信息查询、最近车辆查询、车辆动态跟踪等。

GIS技术在车辆监控定位系统中的主要用途是:

(1)提供图形化的人机界面。

(2)在矢量电子地图上进行相关操作。

配合数字平台的电子地图,监控中心指挥调度人员可以实现针对GPS车辆的一系列的地图操作功能。

各个移动车辆的定位数据通过无线数据通信传输到监控中心,监控中心通过电子地图,可以实时、准确地显示各个车辆的位置,从而实现监控中心对移动车辆的监控。

三、系统工作原理分析

GPS车辆动态监控系统工作原理见图5-8。

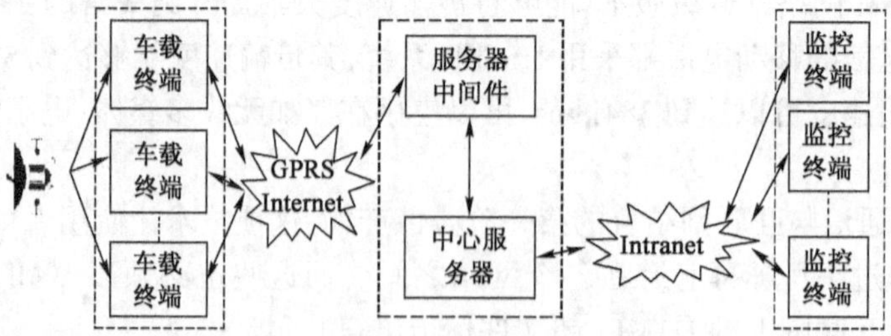

图5-8 系统工作原理

在GPS车辆运行过程中，车载终端的GPS接收机接收定位卫星的定位数据，计算自身所处地理位置坐标，通过数据接口为车载终端提供GPS数据，同时坐标数据通过车载终端的通信模块，利用GPRS网络把车辆的位置、状态等综合信息发送到具有静态IP地址的监控中心服务器，并存入中心数据库(SQL Server 2000数据库)。

客户端通过内部局域网络与中心服务器进行连接，实时接收中心服务器发来的数据。车辆信息经过处理与监控终端上的电子地图进行匹配，并在地图上显示车辆的准确位置，从而使监控中心能清楚和直观地掌握被监控车辆的动态位置信息，达到对车辆的监控，并可根据实际工作需要进行指挥调度。

四、GPS车辆动态监控数据传输技术

GPS车载终端接收GPS卫星信号，经过车载终端解析后得到经度、纬度、速度及时间等车辆运行的相关状态信息，将数据按照协议规程进行打包处理，利用GPRS数据业务上传至监控中心。监控中心收到数据包后，再根据协议规程进行解析，解析获得的车辆位置信息(经度、纬度等)，再存入中心数据库；然后将车辆位置信息数据进行坐标转换，将大地纬度和大地经度坐标(B,L)转换为高斯投影直角坐标(x,y)，即将其转换为电子地图所采用的平面坐标系统中的坐标格式；最后通过地图匹配就可以在电子地图上将被监控车辆实时、动态、直观地显示出来。

同样，监控中心下发至车载移动终端的监控指令或其他数据，也按照协议规程进行打包，然后通过GPRS数据业务下发至移动端执行。电子地图由ArcIMS服务器产生，客户端需要对地图进行操作时，就向ArcIMS服务器发送一个地图请求；ArcIMS服务器处理并响应这个请求，并在服务器上产生一个地图，然后以一种压缩的图像格式(JPEG、PNG或GIF格式)发送回客户端。车辆监控过程中的各种信息数据(车辆轨迹数据、管理数据等)存储到数据库中，通过MFC ODBC对数据库进行访问。

GPS车辆动态监控数据流程见图5-9。

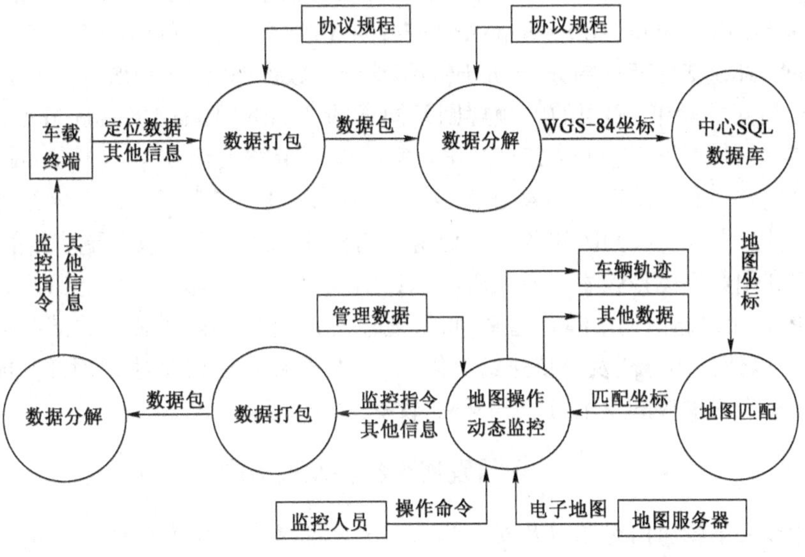

图5-9　车辆动态监控数据流程

项目六　GPRS无线通信的车载驾驶人疲劳监测终端

学习情境一　GPRS无线通信的车载驾驶人疲劳监测终端概述

一、项目背景

随着我国经济的发展,一方面人民生活水平在不断提高,汽车的产销量也在日益增长,汽车的安全性、舒适性、操作的简便性以及功能的完备性已成为用户选择的重要依据;另一方面,从各种统计数字来看,我国及世界每年发生的道路交通事故居高不下,给社会带来了不可估量的经济损失和人员伤亡,人为主观原因是驾驶人安全意识差、违章现象严重,而疲劳驾驶、酒后驾车也是导致交通事故的重要原因。所以,利用数字图像技术以及人脸状态识别技术构建驾驶人智能监测系统,对驾驶人进行实时、准确、高效地监测,就有其必要性。

此外,随着我国信息化进程的全面推进,各行业对信息化也提出了较高的要求,对信息化的认识也从单纯的数字化提升到数字化与网络化、无线化统一的高度。针对目前的信息化要求,原有的有线系统虽完成数字化与网络化,但复杂的布线、高昂的维护成本使得网络节点的分布范围受到了很大的限制,这在很大程度上阻碍了信息化的深入和普及。因此,信息化对无线数据传输的需要日益剧增,不仅新建信息化系统需要无线数据传输接口或通道,有线系统也需要增加无线接口和无线通道,在原有的基础上扩展更广泛的信息化网络。因此,研制单独的无线通道不论是对原有设备改造增加无线接口和无线数据传输通道,还是对新设备的功能扩展都具有很重要的意义。

GPRS(General Packet Radio System,通用分组无线业务)网络是在GSM网络基础之上新增两个节点——SGSN(Serving GPRS Support Node,GPRS服务支持节点)和GGSN(Gateway GPRS Support Node,GPRS支持节点网关)而形成的移动分组数据网络。GPRS采用与GSM相同的无线调制标准、相同的频带、相同的跳频规则及同样的TDMA(Time Division Multiple Access,时分多址)帧结构,其理论带宽可达171.2kbps,实际应用带宽大约在40~100kbps,在此信道上提供TCP/IP链接,可以用于Internet连接、数据传输等应用,使基于GPRS网络的无线数据传输成为可能。因此,GSM/GPRS网络的广泛应用为构建无线通道提供了更多新的选择。

因此,把利用数字图像技术以及人脸状态识别技术构建的驾驶人智能监测系统和目前日益完善的GPRS无线通信网络结合起来,将智能监测系统所获得驾驶人的某些危险信息和车辆的位置信息以数据的方式及时传送给上位机(监控中心),使得交通管理部门能及时采取措施,以避免一些交通事故的发生,这是一种比较有效的途径。

二、项目发展现状和发展方向

目前在国外,车载通信终端以及安全监测系统大都是汽车生产商联合通信生产商以产品的形式发布的,隶属于汽车电子行业。主要的生产研发机构有西门子威迪欧、博世、本田、诺基亚、德国大众以及摩托罗拉等;微软公司的Windows CE for Automotive是一套完整的车载通信解决方案。国外产品价格昂贵,功能比较齐备,除了基本的通信功能外,还能对车辆的左转向灯、右转向灯、倒车灯、远光灯、近光灯、制动、鸣号、时间、速度等信号进行实时记录。

目前在国内,汽车电子行业还在起步阶段,大都是以代工的方式为国外的汽车电子商提供零部件,自己的产业链还不齐全。也有少数的电子厂商推出了自己的汽车电子产品。有以 GPS 导航为主的产品和以记录行驶过程中的各种动作状态及行驶速度数据的汽车行驶记录仪等。

总而言之,国外产品价格昂贵,而且大多由汽车制造商在出厂时安装,少见有自行配置,这类产品的维护和再开发性不强,不利于国内客户使用和功能升级。而国内产品,大部分功能单一,只能够完成车辆的语音通话功能或车辆定位功能等,在数据存储方面,采用比较原始的打印模式,这些都限制了用户的使用。

三、项目建设目标

GPRS 无线通信的车载驾驶人疲劳监测终端项目建设目标如下:

(1)GPRS 以及组网方案选择。

(2)考虑到驾驶人体形上的差异,为了获得较为理想的监测影像,在系统启动时,需考虑通过跟踪算法在水平和垂直方向控制位置调整装置(无线云台)、自动微调摄像头,主控制器通过无线模块可以控制云台在水平和垂直方向的移动,最小控制精度为 1°,且云台的移动速度也可以根据负载进行调整。

(3)用单片机控制 GPRS 模块进行短消息的自动收发。

学习情境二　GPRS 无线通信的车载驾驶人疲劳监测终端方案设计

一、可行性分析

目前车载驾驶人疲劳监测装置大都是以简单的计时方式为准则,只要发动机连续工作 3 ~ 4h,就强制发动机停止工作半个小时。比较典型的装置就是汽车行驶记录仪,除了疲劳监测,还对车辆的转向灯、倒车灯、远光灯、近光灯、制动、鸣号、速度等信号进行实时记录,相当于一个"黑匣子"。通过专门的装置,可以将数据打印出来,为一些故障诊断和交通事故分析提供较为科学可靠的证据。此方式能够全面实时地记录车辆的行驶状态数据,但是仅以发动机的工作时间作为驾驶人疲劳的判定准则过于片面,而且只是一个记录装置,信息交互性不足,数据导出必须依赖专门的装置,在一定程度上限制了其应用的范围。

针对以上不足,本项目提出这样的方案:利用目前日益成熟的人脸状态识别技术构建驾驶人智能监测系统,对驾驶人的疲劳状况进行实时、准确、高效地监测。当监测到驾驶人处于疲劳状态时,在车内进行语音预警,并利用 GPRS 无线通信网络将智能监测系统所获得驾驶人的疲劳信息和车辆的位置信息及时传送给上位机(监控中心),使得交管部门能及时采取措施,以避免一些交通事故的发生。同时,将车辆的实时位置信息和驾驶人的疲劳信息以. txt 格式存储于车载端 U 盘结构存储器。

二、设计思路

针对目前国内汽车驾驶安全监测终端的一些不足之处,本项目提出了基于 GPRS 无线通信的车载驾驶人安全监测终端的解决方案,由车载终端和上位机(监控中心)组成。车载终端主要由图像采集设备、图像采集设备位置调整装置、图像处理设备、GPRS 无线通信模块、GPS 模块、语音提示以及数据存储几个部分组成,如图 6-1 所示。上位机(监控中心)主要由 GPRS 无线通信模块和 PC 端接收软件组成,如图 6-2 所示。

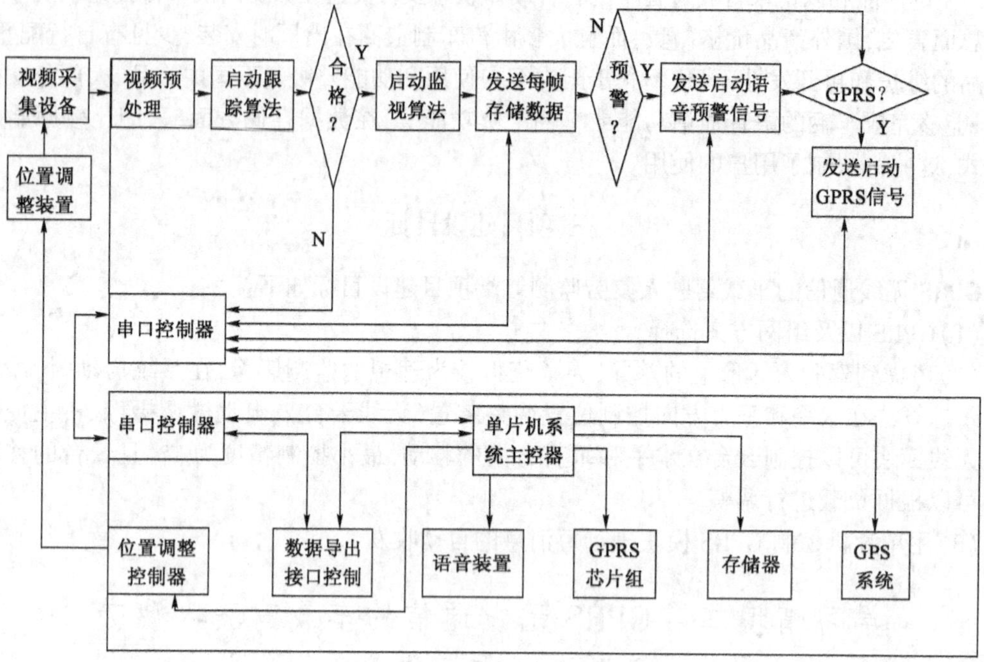

图 6-1 车辆终端的总体设计框图

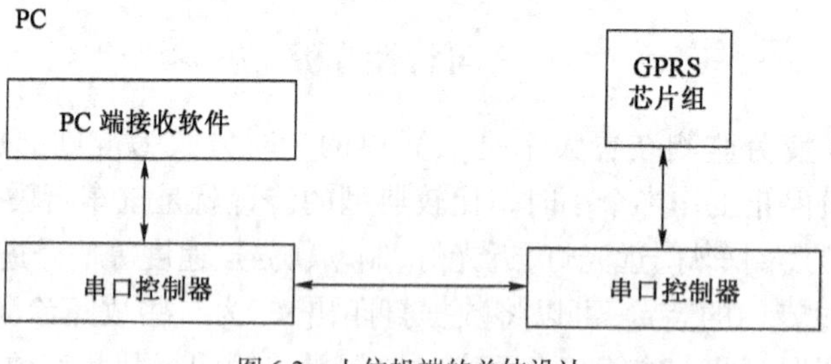

图 6-2 上位机端的总体设计

学习情境三 GPRS 无线通信的车载驾驶人疲劳监测终端设计方案关键技术

一、GPRS 以及组网方案的选择

1. GPRS 简述

GPRS 即通用分组无线业务,是一种新的分组数据承载业务。它是作为第二代移动通信技术的 GSM 网络向第三代过渡的技术,是一种基于 GSM 的移动分组数据业务。GPRS 与现有的 GSM 语音系统最根本的区别是,GSM 是一种电路交换系统,而 GPRS 是一种分组交换系统。因此,GPRS 特别适用于间断的、突发性的或频繁的、少量的数据传输,也适用于偶尔的大数据量传输。这一特点正适合大多数移动互联的应用。透明数传是指在程控 GPRS 模块完成与 GPRS 网络的附着,并与上位机建立数传连接后,在上位机与模块间有持久的数传通路。即依据 TCP/IP 协议将数据直通地传向上位机,帧封装和校验完全由协议自动完成,在上位机和终端看来,模块发出的数据会原封不动地被上位机收到,这一过程是完全透明的。这也可以被理解为常说的"永远在线"。更通俗地讲,GPRS 网络中的终端随时与网络保持联系。GPRS 的理论数传速率为 171.2kbps。巨大的吞吐量改变了以往单一面向文本的无线数据应用,使得包括图片、话音和视频在内的多媒体业务成为现实。但实际速率典型值远远低于理论值,这是由于 GPRS 实际数据传输速率受网络编码方式和终端支持等因素影响。假如用户的接入速度为 30~40kbps,在使用数据加速系统后,速率可提高到 60~80kbps。

2. 目前普遍采用的 GPRS 组网方案

GPRS 无线数据终端与其他无线数据传输模块的使用不同,它是基于 TCP/IP 协议进行数据传输,并且上位机(数据中心)通常是连接在公网(Internet)上的一台普通计算机,具有动态的或固定的公网 IP 地址,或者是利用 GPRS Modem 接入 GPRS 网络或从中国移动中获取的数据专线接入,而具有动态的或固定的移动子网 IP 地址。使用固定 IP 地址或向中国移动申请数据专线作为上位机(数据中心),可实现多点对一点的数据传输,如图 6-3 所示。数据采集设备与 GPRS 终端通过 RS485/RS232 相连,GPRS 终端自动拨号登录 GPRS 网络,获得移动子网 IP 地址后,主动与接入 Internet 的上位机建立 Socket 连接并保持,然后将 GPRS 终端的 ID 号及子网 IP 地址通过 TCP/IP 协议发送至上位机。这样上位机在 Socket 连接保持的情况下,就可以实现与 GPRS 终端,也就是数据采集设备的通信。该方案具有组网简单等优点,适合大型用户使用。

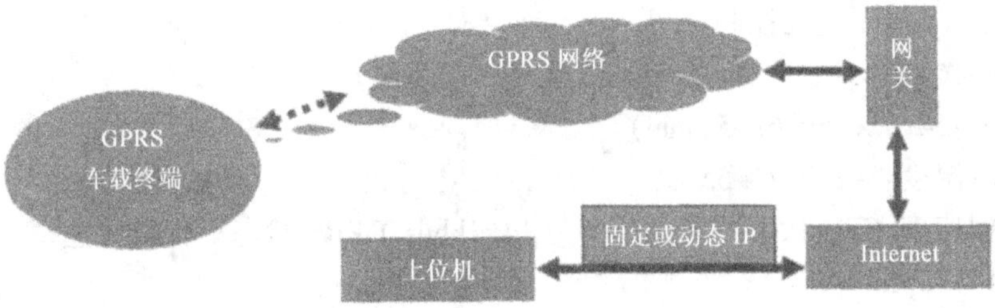

图 6-3　通用 GPRS 网络拓扑

但是该方案有如下缺点和不足:其一是上位机(数据中心)必须拥有固定 IP 地址、公网 IP 地址或移动子网 IP 地址(数据专线),因此构建 GPRS 网络的成本比较高;其二是为了确保上位机(数据中心)与 GPRS 终端之间的通信畅通(因为 GPRS 网络本身的问题),GPRS 终端需不断发送链路维护数据包,用于检测链路并保证 GPRS 终端实时在线。由于 GPRS 是按照数据流量收费,运营成本很高,因此,该方案不适合中小型用户使用。

3. 最小化 GPRS 网络

由于通用 GPRS 组网方案不适合本项目采用,综合考虑各种因素,采用最小化 GPRS 网络拓扑结构,如图 6-4 所示。

最小化 GPRS 网络拓扑结构和通用 GPRS 网络拓扑结构的主要区别在于上位机部分,在最小化 GPRS 网络拓扑结构中,上位机的组成是由一个 GPRS 无线终端通过串口和计算机相连,在 PC 端设计一套专用接收软件,负责和串口通信。这样就可以将远程数据导入 PC,作相关处理。其原理如同两个 GPRS 手机用户进行通信一样。基于最小化 GPRS 网络拓扑的设计优点为:构建 GPRS 网络的硬件成本很低,系统比较容易实现,可以避免处理大量的网络通信协议,通信成本也比较低,适用于小型用户;但是缺点是不宜用于海量数据传输。

图 6-4 最小化 GPRS 网络拓扑结构图

4. GPRS 收发模块 MC35i

MC35i 是西门子移动通信出品的第一款 GPRS 模块。MC35i 向上兼容全部 TC35 功能,此外还集成了高速 GPRS 技术,可将 GPRS 技术广泛集成于移动电脑、PDA、智能电话以及其他设备之中,具备持久的在线连接、快速数据接入、高速数据传输速率等特点。模块具体特点如下。

(1)支持 EGSM900/GSM1800 双频。

(2)支持 GRPS Class/ClassB。

(3)支持 GSM phaseZ/2 +。

(4)输出功率:EGSM900 时,ZW/GSM1800,1W。

(5)输入电压:3.3 ~4.5V。

(6)功耗:休眠状态,3.0mA;空闲状态,10.0mA。

(7)发射状态:300mA(平均),2.0A(峰值)。

(8)控制:AT 指令直接控制。

(9)质量:16g。

(10)体积:54.5 ×36 ×6.65(mm)。

(11)环境温度:-25℃/ +55℃。

(12)数据速率:CSD 状态下最大速率为 14.4kbps,GPRS 状态下行最大速率为 85.6kbps。

(13)接口:40pin。

(14)包括电源、3vSIM 卡、RS232 接口、语音、控制等管脚以及天线接口等。

二、短信息体系以及相关协议简介

1. 短信息体系

SMS 协议即短信息,是在 20 世纪 80 年代提出的,但直到 20 世纪 90 年代才开始市场化运行。目前,SMS 协议的最新版本是 GSM07 系列协议,它规定了短消息传送的信道分配、编码规则、标准 AT 指令集等内容。短消息业务与话音传输及传真一样同为 GSM 数字蜂窝移动通信网络提供的主要电信业务,在 GSM07 协议中规定它通过无线控制信道进行传输,经短消息业务中心完成存储和前转功能,每个短消息的信息量限制为 140 个八位组(7 比特编码,160 个字符)。传送短消息业务的控制信道为专用控制信道(DCCH)。DCCH 为点对点双向控制信道,包括独立专用控制信道(SDCCH)、快速随路控制信道(FACCH)和慢速随路控制信道(SACCH)。短消息业务的传送在独立专用控制信道(SDCCH)或慢速随路控制信道(SACCH)进行,具体是在 SDCCH 还是 SACCH 上传递,这取决于业务信道(TCH)的使用,具体判定如下:

(1)当 TCH 未分配时,短消息在 SDCCH 上传递。

(2)如果短消息在 SDCCH 上处理是分配了 TCH,短消息传递将停止并继续在 TCH 随路的 SACCH 上进行传递。

(3)如果当短消息到达时,TCH 已分配,则短消息在随路 SACCH 上传递。

(4)当采用 TCH 的实体结束其处理时,无线资源管理(RR)子层可选择在 SACCH 继续进行短消息传递或将它转至 SDCCH。

通过以上 SMS 原理可以看出,SMS 作为 GSN 网络的一种主要电信业务,它的传递是可靠的,为基于它的各类新业务的开发打下了坚实的基础。

GPRS 引擎模块提供的命令接口符合 GSM07.05 和 GSM07.07 规范。GSM07.07 中定义的 AT Colnlnand 接口提供了一种移动平台与数据终端设备之间的通用接口,GSM07.05 对短消息作了详细的规定。在短消息模块收到网络发来的短消息时,能够通过串口发送指示消息,数据终端设备可以向 GPRS 模块发送各种命令。GSM07.05 协议中定义了短消息发送的 3 个模式,可用于移动台和终端设备之间通过异步接口传送 SMS 短消息,具体介绍如下。

块模式(Block Mode):块模式是用来封装 GSM3.40 中定义的 SMSPDU 的二进制协议。该协议包括差错检测,适合应用于手机间的链路受差错控制的情况,在设备需要远程控制时特别适用。应用部分组合的二进制串应包含报头和短消息 PDU。

目前发送短消息常用的是文本模式和 PDU 模式。使用文本模式收发短信代码简单,实现起来十分容易,但是最大的缺点是不能收发中文短信,而 PDU 模式不仅支持中文短信,也能发送英文短信。

文本模式(Text Mode):文本模式是基于字符的协议,该协议基于为 GSM 修改的 AT 命令集。该模式适用于非智能终端和仿真器,以及构建于命令结构上的应用软件。应用将消息按简单文本传递到手机组成 TPDU。这表示文本模式提供功能比块模式和 PDU 模式少。文本模式不需支持或自动传送到达消息给应用,而仅仅是通知消息到达。

PDU 模式 (PDU Mode):PDU 模式和文本模式很相似,区别只是它将组装短消息 TPDU 的任务留给应用完成。该模式使 AT 命令集能方便地组构更多复杂的 PDU,例如既可以传递二进制数据又可以传送字符数据。

2. 短消息的自动收发短消息服务

短消息的自动收发短消息服务(Short Message Service,SMS),是目前全球移动通信(Global System for Mobile Communication,GSM)系统中提供的一种在移动终端(如手机)之间,通过短消息服务中心(Short Message Service Center,SMSC)进行文本信息收发的应用服务。它是利用 GSM 系统信令信道的空闲带宽,在电话拨号的同时,把消息发送到 GSM 的基站,再由短消息中心处理存储发送到接收方。短消息服务是欧洲通信技术委员会(European Telecommunications Standards Institute,ETSI)所制定的一个规范(GSM03.40 和 GSM03.38),它定义了一套利用 GSM 网络发送一段字符至另一台手机的协议。

3. 常用 AT 命令

AT 即 Attention,AT 命令集最初的定义是从终端设备(Terminal Equipment,TE)或数据终端设备(Data Terminal Equipment,DTE)向终端适配器(Terminal Adapter,TA)或数据电路终接设备(Data Circuit Terminating Equipment,DCE)发送的控制和命令。通过 TA,TE 发送 AT 命令来控制移动台(Mobile Station,MS)的功能,与 GSM 网络业务进行交互。可通过 AT 命令进行呼叫、短信、电话本、数据业务、补充业务、传真等方面的控制。总体上说,AT 命令有四种形式:

单纯的无参数命令、用来查询该命令当前设置的值的查询命令、用来列出该命令的可能参数的帮助命令和带参数命令。接收到的短消息的 PDU 数据帧格式参见表 6-1。

接收短消息的 PDU 数据帧格式 表 6-1

SCA	PDU 类型						OA	PID	DCS	SCTS	UDL	UD
	RP	UDHI	SRI		MMS	MTI						

(1)SCA(Service Centre Address)服务中心地址,由 BCD 码 3038 3931 3638333130383530323130354630 组成。

①3038 即 08H4 的 ASCII 码,表示短消息中心号码所需要的字节数加上一个字节数(用于表示号码类型)。

②3931 即 91H 的 ASCII 码,表示接下来的号码是国际电话号码的格式,指在号码前需要加“+”,如果是国内电话的格式则为 81H。

③3638333130383530323130354630 是 683108502105F0 的 ASCII 码,表示的是 BCD 格式短消息服务中心号码,实际号码是 8613800512500,它由实际号码高位和低位交换后得到。短消息服务中心号码是一个奇数(13),加 F 来补齐。

④若该项为 00,则表示模块使用 SIM 卡中已存的短消息中心号码。

(2)PDU 类型由 BCD 码 3034 组成。

①RP(Reply Path)表示是否存在回复路径,若为 0 则无;否则表示返回路径参数将在该 PDU 中设置。

②UDHI(User Data Header Information)用户数据报头信息,0 表示在用户数据段(UD)中只包括短消息;1 表示在用户数据段的开头部分除短消息外还包括一个报文头。

③SRI(Status Report Indication)状态报告指示,0 表示不会有状态报告返回给短消息对等实体(Short Message Entity,SME),否则就有报告。

④MMS 更多消息指示,0 表示 SMSC 中有更多的短消息等待 MS 接收;1 则表示 SMSC 中已没有短消息等待 MS 接收。

⑤MTI(Message Type Indication)短消息类型指示,由 SMSC 发给 MS 短消息时,即 SMS-DELIVER(读出),MTI 为 00;当 MS 发送短消息给 SMSC 时,即 SMS-SUBMIT(提交),MTI 为 01。在该短消息中,3034 为 04H 的 ASCII 码,表示无回复路径、无数据报头指示、无状态报告、无更多消息等待接收,是“收”短消息。

(3)OA(Originating Address)主叫号码由 BCD 码 3044393136383331303434313933373646 30(实际数据为:0D91683104419376F0H)构成,表示短消息发送端地址。其中 BCD 码 3044(0DH)表示号码的长度,不包括号码类型 91H,号码也是经过移位处理的,实际号码为 8613401439670。

(4)PID(Protocol Identifier)由 BCD 码 3030(00H)构成,它主要用来指示在传输层使用的是什么协议,或者指示正在同怎样的远程信息处理协同工作。如果只是作为短消息应用,这个字段就是 00H。

(5)DCS(Data Coding Scheme)由 BCD 码 3030(00H)构成,表示数据编码方案,00 表示采用 7bit 数据编码方式(默认的方式),01 表示 8bit 数据编码方式,10 则为 UCS2 编码方式,11 保留。

(6)SCTS(Service Centre Time Stamp)时间邮戳由 BCD 码 37303630393137313531313532 33

(实际数据为:70 60 91 71 51 15 23)构成,系短消息中心的时间戳,指示了 SMSC 收到这条短消息的时间,它与前面介绍的电话号码一样都是经过移位处理的,实际表示的时间是 2007 年 06 月 19 日 17 点 15 分 51 秒,时区是 32 个单位,时区表示了当地时间跟世界协调时间(格林尼治标准时间的新名称)的差异,每个单位表示 15min,该字节的第四位(bit3)表示差异的正负,0 为负,1 为正,$-32 \times 15/60 = -8$,因此,实际上表示了北京时间比世界协调时间早了 8h。

(7)UDL(User Data Length)由 BCD 码 3034(04H)构成,它指示了用户数据 UD 字节数。特别需要注意的是,UDL 的数据是十六进制的,而且它指的是数据编码前的长度,而非编码后的数据,否则就会出现在发送短消息的内容超过八个字符时就会出现丢失最后一个字符或不能编码的现象。

(8)UD(User Data)由 BCD 码 33393543304530370D0A(实际数据为:395C0E07【CR】【LF】)构成,这个就是短消息内容 9898 经编码后的数据。

4. 命令状态

命令状态由 BCD 码 0D0A4F4B0D0A,即【CR】【LF】OK【CR】【LF】构成。

命令六:AT + CMGS = 21【CR】

ASCII 码:41542B434D47533D32310D

作用:发送一长度为 21 字节的短消息,长度 21 不包括下面 PDU 数据中的第一个字节 00 和最后一个字节的结束符 1A。

回响:0D0A3E20 或 0D 0A45 52 52 4F 52 0D 0A

含义:如果一切正常则提示“ > ”(ASCII 码为 3E),表示下面可以输入 PDU 数据了,否则提示出错“ERROR”(ASCII 码为 45 52 52 4F 52),表示该发送命令失败。

在 GPRS 模块返回 ASCII 码字符“ > ”后,输入以下 PDU 数据 0011000D91683104419376F0 0008A9060031003200331A。

GPRS 模块的响应则为 0D0A2B434D47533A203131300D0A4F4B0D0A,实际内容为【CR】【LF】+CMGS: 110【CR】【LF】OK【CR】【LF】(表示发送成功,110 表示发的是第 110 条短信,该值在 0 ~ 255 之间循环)。

为了能更好地理解该 PDU 数据的意义,先介绍一下由 MS 发给 SMSC 的短消息的报文。

发送短消息的 PDU 数据帧格式 PDU 类型见表 6-2。

发送短消息的 PDU 数据帧格式 PDU 类型 表 6-2

SCA	PDU 类型						OA	PID	DCS	VP	UDL	UD
	RP	UDHI	SRR	VPF	RD	MTI						

对照报文,可以将输入的 PDU 数据分成九部分,分别为 SCA(00)、PDU 类型(11)、MR(00)、OA(0D91683104419376F0)、PID(00)、DCS(08)、VP(A9)、UDL(06)、UD(003100320033),1A 为控制发送结束符。从上面可以看出,它与由 SMSC 发给 MS 短消息报文的格式基本相同,下面只介绍不同的地方。

SRR(Status Report Request)表示状态报告请求,0 表示不需要状态报告,1 表示将有状态报告返回给短消息对等实体。

VPF(Validity Period Format)表示有效期的格式。其中,00 表示 PDU 中不出现有效期(VP)字段,01 表示保留,10 表示有效期将用相对于目前时间的相对量来表示,11 表示有效期将用绝对日期来表示。

RD(Reject Duplicates)表示是否拒绝重复指示,若为0表示如果在短消息中心内还有一条源于相同的OA以及相同的MR和DA未发送,则仍要求短消息中心接收这样的短消息。若为1表示要求短消息中心要拒绝这样重复的短消息。

MR(Message Reference)为短消息的连续编号,它为一个0到255的整数,用于标识从MS发送给SMSC的短消息的编号。在MS中,这个号码是自动产生的,每发送成功一条短消息MR自动加1,当它达到255时,则下一条的MR就是0。

DA(Destination Address)表示短消息发送目的地址,它和短消息发送端的地址OA的格式是完全一样的。

VP(Validity Period)表示有效期,它有两种表示方法,分别为相对表示法和绝对表示法。用相对法表示的有效期的计算方法参见表6-3。绝对表示法的形式与SCTS是类同的。

有效期的计算方法

表6-3

VP值(十六进制)	对应的有效期(VP为十进制)	VP值(十六进制)	对应的有效期(VP为十进制)
00~8F	(VP+1)×5min	A8~C4	(VP-166)×1d
90~A7	12h+(VP-143)×30min	C5~FF	(VP-192)×1周

在短消息输入完毕后,必须用ctrl-Z(ASCII码为1A)才能将短消息发送出去。

因此,数据00 11 00 0D91683104419376F0 00 08 A9 06 003100320033 1A表示一条采用相对时间法、由TE向SMSC发消息、目的手机号为13401439670、采用UCS2编码、有效期为3d、短信内容为123的短消息。

命令七:AT+CMGD=26【CR】

ASCII码:41542B434D47443D32360D

作用:删除第26条短消息。

回响:0D0A4F4B0D0A

含义:【CR】【LF】OK【CR】【LF】表示删除成功。

参 考 文 献

[1] 李天文. GPS 原理及应用[M]. 北京:科学出版社,2003.

[2] 赵文浩,刘建业,何秀凤. GPS 车辆监控系统中短消息通信技术研究[M]. 北京:机械工业出版社,2004.

[3] 张其善,吴今培,杨东凯. 智能车辆定位导航系统及应用[M]. 北京:科学出版社,2002.

[4] 唐李征,等. 基于地图匹配的高精度 GPS 自主车辆导航系统的实现[J]. 测控技术,1999(7):20-25.

[5] 杨东凯. 智能交通系统中的地图匹配定位方法[J]. 交通运输系统工程与信息,2003(3).

[6] 李小果. 基于 GIS 的城市交通规划应用研究[D]. 重庆:重庆大学,2004.

[7] 尚维伟. 基于 GPRS 无线通信的车载驾驶人疲劳监测终端的设计和实现[D]. 西安:西安理工大学,2008.

[8] 周波. 基于 GPS 的车辆调度系统[D]. 南京:南京师范大学,2008.

[9] 林兴旺. 高速公路管理论文集[M]. 北京:人民交通出版社,2000.

[10] 谢蒙萌,赵玮. GPS 系统在高速公路营运管理中的应用研究[J]. 现代交通技术,2006(2).

[11] 孙文财. 高速公路 GPS 车辆动态监控技术研究[D]. 长春:吉林大学交通学院,2006.